化学品环境管理知识问答

HUAXUEPIN HUANJING

GUANLI ZHISHI WENDA

环境保护部科技标准司
中国环境科学学会 主编

中国环境出版社·北京

图书在版编目（CIP）数据

化学品环境管理知识问答 / 环境保护部科技标准司，中国环境科学学会主编． -- 北京：中国环境出版社，2017.5
（环保科普丛书）
ISBN 978-7-5111-2970-3

Ⅰ．①化… Ⅱ．①环… ②中… Ⅲ．①化学品－环境管理－问题解答 Ⅳ．① X78-44

中国版本图书馆 CIP 数据核字（2016）第 295447 号

出 版 人　王新程
责任编辑　沈　建　董蓓蓓
责任校对　尹　芳
装帧设计　金　喆

出版发行　中国环境出版社
　　　　　（100062 北京市东城区广渠门内大街 16 号）
　　　　　网　　　址：http://www.cesp.com.cn
　　　　　电子邮箱：bjgl@cesp.com.cn
　　　　　联系电话：010-67112765（编辑管理部）
　　　　　发行热线：010-67125803，010-67113405（传真）
印　　刷　北京中科印刷有限公司
经　　销　各地新华书店
版　　次　2017 年 5 月第 1 版
印　　次　2017 年 5 月第 1 次印刷
开　　本　880×1230 1/32
印　　张　4.5
字　　数　100 千字
定　　价　23.00 元

《环保科普丛书》编著委员会

顾　　问：黄润秋

主　　任：邹首民

副 主 任：王志华

科学顾问：郝吉明　孟　伟　曲久辉　任南琪

主　　编：易　斌　张远航

副 主 编：陈永梅

编　　委：（按姓氏拼音排序）

鲍晓峰　曹保榆　柴发合　陈　胜　陈永梅

崔书红　高吉喜　顾行发　郭新彪　郝吉明

胡华龙　江桂斌　李广贺　李国刚　刘海波

刘志全　陆新元　孟　伟　潘自强　任官平

邵　敏　舒俭民　王灿发　王慧敏　王金南

王文兴　吴舜泽　吴振斌　夏　光　许振成

杨　军　杨　旭　杨朝飞　杨志峰　易　斌

于志刚　余　刚　禹　军　岳清瑞　曾庆轩

张远航　庄娱乐

《化学品环境管理知识问答》
编委会

科学顾问：王子健

主　编：凌　江　高映新

副主编：孙锦业　陈永梅

编　委：（按姓氏拼音排序）

　　　　　陈永梅　读　刚　葛海虹　郭琳琳　侯　聪

　　　　　胡俊杰　卢佳新　毛　岩　王明慧　杨　勇

　　　　　于　洋　于相毅　张静蓉　赵小进　周　红

编写单位：中国环境科学学会

　　　　　　中国环境科学学会固体废物分会

　　　　　　环境保护部固体废物与化学品管理技术中心

绘图单位：北京点升软件有限公司

《环保科普丛书》

我国正处于工业化中后期和城镇化加速发展的阶段，结构型、复合型、压缩型污染逐渐显现，发展中不平衡、不协调、不可持续的问题依然突出，环境保护面临诸多严峻挑战。环保是发展问题，也是重大的民生问题。喝上干净的水，呼吸上新鲜的空气，吃上放心的食品，在优美宜居的环境中生产生活，已成为人民群众享受社会发展和环境民生的基本要求。由于公众获取环保知识的渠道相对匮乏，加之片面性知识和观点的传播，导致了一些重大环境问题出现时，往往伴随着公众对事实真相的疑惑甚至误解，引起了不必要的社会矛盾。这既反映出公众环保意识的提高，同时也对我国环保科普工作提出了更高要求。

当前，是我国深入贯彻落实科学发展观、全面建成小康社会、加快经济发展方式转变、解决突出资源环境问题的重要战略机遇期。大力加强环保科普工作，提升公众科学素质，营造有利于环境保护的人文环境，增强公众获取和运用环境科技知识的能力，把保护环

I

境的意识转化为自觉行动，是环境保护优化经济发展的必然要求，对于推进生态文明建设，积极探索环保新道路，实现环境保护目标具有重要意义。

国务院《全民科学素质行动计划纲要》明确提出要大力提升公众的科学素质，为保障和改善民生、促进经济长期平稳快速发展和社会和谐提供重要基础支撑，其中在实施科普资源开发与共享工程方面，要求我们要繁荣科普创作，推出更多思想性、群众性、艺术性、观赏性相统一，人民群众喜闻乐见的优秀科普作品。

环境保护部科技标准司组织编撰的《环保科普丛书》正是基于这样的时机和需求推出的。丛书覆盖了同人民群众生活与健康息息相关的水、气、声、固废、辐射等环境保护重点领域，以通俗易懂的语言，配以大量故事化、生活化的插图，使整套丛书集科学性、通俗性、趣味性、艺术性于一体，准确生动、深入浅出地向公众传播环保科普知识，可提高公众的环保意识和科学素质水平，激发公众参与环境保护的热情。

我们一直强调科技工作包括创新科学技术和普及科学技术这两个相辅相成的重要方面，科技成果只有为全社会所掌握、所应用，才能发挥出推动社会发展进步的最大力量和最大效用。我们一直呼吁广大科技工作者大力普及科学技术知识，积极为提高全民科学素质作出贡献。现在，我们欣喜地看到，广大科技工作者正积极投身到环保科普创作工作中来，以严谨的精神和积极的态度开展科普创作，打造精品环保科普系列图书。衷心希望我国的环保科普创作不断取得更大成绩。

丛书编委会

二〇一二年七月

Ⅲ

前言

　　农业生产中广泛使用的氮肥、磷肥、钾肥、除草剂等化学品，增加了粮食产量，保障了庞大人口的生存基础；从青霉素的发现到如今医生处方中的各种合成药物，化学品抑制了有害细菌和病毒，捍卫了人体健康；随着化学的发展和技术的进步，化学品又不断转化为各种新能源、新材料，改善了人类的生存条件。化学品的生产和使用极大丰富了人类的物质生活，从人的衣、食、住、行到交通运输，从治疗疾病到饮用水的净化，化学品广泛存在于我们的生活，为提高人类生活水平做出了重要贡献。可以说，没有化学创造的物质文明，就没有人类的现代生活。

　　在服务于人类社会的同时，化学品固有的危害性也给人类带来了严重的环境和健康威胁。化学品在生产、消费和废弃时可能会通过不同途径进入环境，对水体、土壤、大气等生态环境和人类健康造成潜在危害。印度博帕尔事故、日本米糠油事件、日本"痛痛病"事件、日本水俣病事件等化学品事故已被载入史册，我国近些年来爆发的"毒大米""塑化剂"等事件也在社会上引起了不同反响。还有一些持久性有毒化学品、"三致"毒性化学品、内分泌干扰物等，对人体健康和生态环境的危害是慢性的、长期的，不仅影响当代人，还对后代具有严重威胁。化学品可谓是一把"双刃剑"，有毒化学品还被称为"关在笼子里的猛兽"。

V

据统计，截止到 2015 年年底，全球化学物质的总数已超过 1 亿种，全球市场上的化学品数量超过 10 万种，并且每年还有大约 1 500 种新化学品上市销售，化学品的监管问题显得日益重要。国际上先后通过了《鹿特丹公约》《斯德哥尔摩公约》《水俣公约》等一系列国际公约，我国专门出台了《危险化学品安全管理条例》《农药管理条例》《化妆品卫生监督条例》等一系列法规，制订了新化学物质环境管理登记制度、危险化学品环境管理登记制度、化学品危险性分类和标签制度等。

本书系统地梳理了化学品的相关概念、危害、分类、管理规定、案例、公众参与等基础知识，还单独设立一章介绍化学品与生活的关系，力求通俗易懂、图文并茂地阐述有关科学知识。

在本书的编写过程中，环境保护部固体废物与化学品管理技术中心委派专家参与了本书的编写工作，在此一并感谢！

由于水平有限，加之时间仓促，书中难免有疏漏、不妥之处，敬请广大读者批评指正！

编　者

二〇一六年八月

第一部分　化学品基本知识　1

第二部分　化学品的危害及分类　15

第三部分 化学品事故案例 37

第四部分 国际化学品的 **49**
环境管理

第五部分 我国化学品的 环境管理 71

第六部分　社会责任与公众参与　88

第七部分　化学品与生活　100

HUAXUEPIN

化学品 环境管理知识问答

HUANJING GUANLI ZHISHI WENDA

第一部分
化学品基本知识

1. 什么是化学物质?

化学物质是指天然的或人工加工而成的化学元素及其化合物，包括为了维持产品稳定性所必需的添加剂以及生产过程产生的杂质，但不包括可以被分离出来而不影响物质稳定性或不会改变其组成的溶剂。化学物质不包括混合物、制品（剂）或物品。

据美国化学文摘社统计，截止到 2015 年年底，全球化学物质的总数已超过 1 亿种。在我国，根据《中国现有化学物质名录》统计，我国已有化学物质总数为 45 643 种。

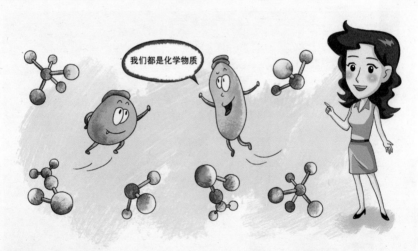

2. 什么是化学品?

化学品是指天然的或人工合成的各种化学元素、化合物及其混合物。相比化学物质，化学品具有明确的商品特征。例如，人们日常使用的 84 消毒液是一种日用化学品，其主要成分次氯酸钠（NaClO）是一种化学物质。

初步估计，全球市场上的化学品数量超过 10 万种，并且每年还有大约 1 500 种新化学品上市销售。

次氯酸钠

3. 化学品是如何命名的？

"甲""乙""丙""丁"等来代表碳的数目，一个碳的烷烃（CH₄）称为甲烷，依此类推。

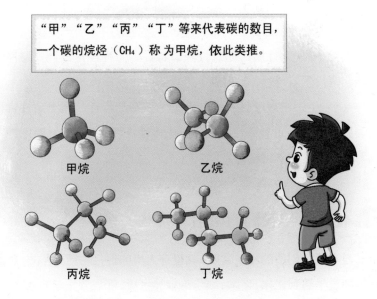

甲烷   乙烷

丙烷   丁烷

国际纯粹与应用化学联合会（IUPAC）是国际上公认的化学品命名权威机构，也是各国化学会的一个联合组织。IUPAC 的命名与符号委员会每年都会修改 IUPAC 命名法，以力求提供化合物命名的准确规则。

中文系统命名法是中国化学会在 IUPAC 命名法的基础上，结合汉语的特点而制定出的命名方法，例如在烷烃类物质的命名中，使用了"甲""乙""丙""丁"等来代表碳的数目，一个碳的烷烃（CH_4）称为甲烷，依此类推。

4. 化学品有哪些基本属性？

化学品的基本属性主要有：

（1）物质的性状，如状态、颜色等；

（2）物理化学性质，如熔点/凝固点、沸点、密度、蒸气压、氧化性、燃烧性、爆炸性、溶解度、脂溶性等；

（3）毒理学性质，如急性经口毒性、急性经皮毒性、急性吸入毒性、两代生殖毒性、致畸性、慢性毒性、致癌性等；

（4）生态毒理学性质，如藻类生长抑制毒性、溞类急性毒性、溞类繁殖毒性、鱼类急性毒性、鱼类慢性毒性、吸附/解吸附性、生物降解性、生物蓄积性等。

5. 化学品与我们的生活有哪些关系？

没有化学创造的物质文明，就没有人类的现代生活。从衣、食、住、行等物质生活到文化、艺术、娱乐等精神生活，都需要化学品为之服务。

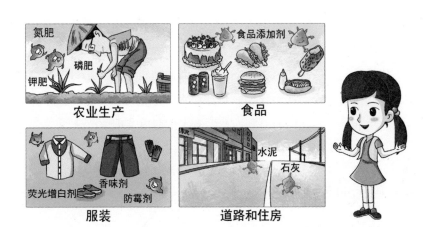

人类的食物和衣着主要依靠农业。在农业生产中需要施用氮、磷、钾复合肥料和微量元素肥料，施用有机氯、有机磷、苯氧乙酸类等杀虫剂和除草剂，应用塑料薄膜作地膜覆盖或温室育苗等。为了改善食品的色、香、味等品质，满足防腐和加工工艺的需要，加入各种食品添加剂，如增味剂、营养强化剂、防腐剂、甜味剂、增稠剂、香料等共 2 000 多个品种。

随着石油化学工业的快速发展，化学纤维作为服装原料的比例逐渐增大，纺织品在加工过程中也使用大量的染料和染整助剂，如抗静电剂、上光剂、漂白助剂等纺织助剂，乳化剂、润湿剂、分散剂、涂料印花剂、荧光增白剂等印染助剂，抗污剂、防蛀剂、防霉剂、抗菌防臭剂、吸水剂、香味剂等织物整理剂。

再看我们住的房子，石灰、水泥、铝合金、玻璃、塑料、油漆、涂料等材料，还有我们的日常生活用品，如牙膏、香皂、化妆品、清洁用品等无一不跟化学品有关。

出了门，我们踏在水泥铺成的街道上，看到的是钢筋水泥做的高楼大厦，用以代步的是各种塑料、橡胶、玻璃以及各种合金做的交通工具。这些交通工具还离不开汽油、柴油、各种汽油添加剂、防冻剂和润滑油等。如此种种，都是化学品。

化学品的生产和使用极大丰富了人类的物质生活。从人的衣、食、住、行到交通运输，从治疗疾病到饮用水的净化，化学品广泛存在于我们的生活中，同时也为提高人类生活水平做出了重要贡献。

6. 化学品是如何进入环境的？

工业生产使用阶段　　消费者使用阶段

废弃处理阶段

人类活动是造成化学品大量进入环境的主要因素。在化学品的生产使用过程中，当其成为了废物或化学污染物之后，就会通过不同的途径进入环境中，并分布于大气、水、土壤、沉积物等不同环境介质之中。

在化学品的工业生产使用阶段，往往是由于企业设施的跑冒滴漏、污染物排放、化学品使用不当、运输贮存事故等造成化学品进入环境；

在化学品的消费者使用阶段，例如涂料、香水等，由于挥发、磨损以及浸取等过程，造成化学品出现弥散性释放进入环境；在化学品废弃处理阶段，废物流中的化学品除一部分被回收利用、净化处理之外，其余的均以化学污染物形式进入环境。

7. 化学品对人体的暴露途径有哪些?

职业暴露　　　环境导致的人体暴露

消费暴露

　　由于化学品无处不在和人类行为的多样化，化学品对人体暴露的途径千差万别。在日常生活中，化学品主要经呼吸道和消化道进入体内；而在工业生产中，则以经呼吸道和接触为主。化学品对人体的暴露途径主要有以下 3 个方面：

　　（1）职业暴露，是指工作场所中的化学品通过吸入、皮肤接触或食入（如误食）进入人体。一些有强腐蚀性和刺激性的化学品，如硫酸、硝酸、苛性钠等强酸、强碱，可以对暴露的皮肤和眼睛造成直接损伤；一些脂溶性化学品非常容易通过皮肤吸收渗透进入体内，造成伤害；而农业生产过程中对农药的慢性吸收也大多是经由皮肤的，它们往往引发神经系统改变等中毒症状（如磷中毒导致中枢神经系统受损）。

（2）环境导致的人体暴露，是指直接通过呼吸（如吸入空气、粉尘、浮质）、土壤吸收（如从事园艺工作时接触土壤）以及皮肤接触（如游泳时接触地表水，使用氯消毒水进行淋浴），或者间接通过食物、饮用水接触化学品。例如大多数挥发性化学品可由口鼻吸入，经呼吸道进入肺部，如 $PM_{2.5}$、汽车尾气、甲醛、挥发性农药等。这些化学品中，有的会刺激上呼吸道黏膜引起咳嗽咳痰；有的会造成下呼吸道黏膜损伤，引起支气管扩张、慢性阻塞性肺疾病、肺癌等。化学品通过食物、饮用水经由消化道进入体内，一些水溶性化学品非常容易被消化系统吸收，一些刺激性化学品会直接灼伤消化道，而长期饮用被污染的水，可导致多种疾病，甚至癌变。

（3）消费暴露，是指在物品（如家居保洁品、个人护理品、衣服、家具、玩具等）使用过程中通过吸入或皮肤接触而暴露于人体。如服装加工过程中使用的免烫剂、防水剂等会残留于衣物上，从而在穿着过程中通过吸入或皮肤接触侵害人体。

8. 化学品与化学污染物的区别是什么？

化学品属于商品，是为了满足特定的工业或生活所需而制造的化学物质、混合物或制品。化学污染物则是化学品（化学物质）在生产使用过程中进入环境后所形成的污染物，若该污染物具有健康或环境危害性，则会直接或者间接危害人体健康或生态环境。举例来说，水银体温计中含有汞，汞是化学品。如果体温计不慎跌落，汞撒落到地上，汞蒸气会释放到环境中，此时汞就成了化学污染物。

9. 化学品会造成环境污染吗?

化学品会造成环境污染，而且往往还是主要原因。化学品生产时会向大气排放废气，汽车行驶过程中也会向大气排放尾气，这些都含

有大量有毒有害化学物质。大家所熟知的细颗粒物（PM$_{2.5}$）中含有上千种化学污染物，如苯并[a]芘、硝酸盐、硫酸盐、铵盐和钠盐等。由此可见，化学品与大气污染关系密切。

　　人类活动和工业生产都离不开化学品，这些化学品随着人类的生产生活被大量排放到环境中，一旦有毒化学品排放到水体后，超出了水体自净作用所能承受的范围，便会造成水污染，导致水体中大量鱼、虾、蟹等生物死亡或畸变，带来巨大经济损失。此外，有毒化学品排放到土壤后，超出了土壤自净作用所能承受的范围，便会造成土壤污染，会减弱土壤的肥力，失去原有的功能，并使生长其上的植物受到污染。

10. 化学品有哪些风险？

　　风险是指不利事件发生的可能性或概率。化学品对人或环境产生不利影响的可能性及后果就是化学品的风险。化学品生产使用后释放进入环境，最终会对水体、土壤和大气等生态环境造成有害的影响，通过食物链、呼吸、皮肤接触等暴露途径对人体的健康产生潜在的不利影响。

11. 化学品可导致哪些健康风险？

随着化学工业的快速发展，大量的有毒物质从人类生活及相应的生产过程中不断释放出来，并通过人类食物链、呼吸、皮肤接触等暴露途径进入人体内，对人体的健康产生潜在的影响。据报道，近年来我国部分饮用水水源地中检出多种内分泌干扰物，一些作为饮用水水源地的河流、湖泊出现鱼类雌雄同体（性别异化）等异常现象，表明居民饮用水安全受到严重威胁。除了干扰人体内分泌系统外，一些有毒化学品还具有致癌性、致畸性和生殖毒性等特性，对人体健康危害更大。

内分泌干扰物

12. 化学品可导致哪些环境风险？

化学品的使用和释放会对水、大气、土壤等环境介质造成风险，风险性主要表现在造成环境污染和生态破坏等方面。例如，2010 年 7 月紫金矿业集团公司旗下紫金山铜矿湿法厂污水池发生渗漏，事故造成汀江污染，部分江段出现死鱼。据报道，汀江流域仅棉花滩库区死鱼和鱼中毒就约达 189 万 kg。有毒化学品除了对鱼类等水生生物造成危害外，还会对陆生生物和哺乳动物产生危害，例如某些农药不仅对鸟类、蚯蚓、猫、狗等有毒性作用，而且还会造成土壤污染。

13. 化学品的风险可以控制吗？

化学品的风险源自其危害和暴露条件。危害是由特定物质是否可能造成有害影响以及造成的有害影响程度决定的，暴露是由具体的场景，如食物、饮水、呼吸和皮肤接触等决定的。如果某种化学品的危害被识别，除非受体有暴露，否则只是有危害但不构成化学品的风险。因此，对化学品的风险管理主要是控制有害化学品的暴露途径和剂量、管控有害化学品进入市场、开发使用更安全的化学品。例如，在家庭装修中，尽量避免使用含有苯系物、甲醛等有害物质的油漆和涂料，多开窗通风，就可有效降低健康风险。

14. 什么是"绿色化学"？

绿色化学又称"环境无害化学""环境友好化学""清洁化学"，是指利用化学原理从源头采取污染预防手段，有效使用环境友好（可再生）的原料，避免使用有毒有害原料，减少或消除废物的产生，最终实现工业生产全过程的零排放或零污染。绿色化学发展至今，已经形成为一种新兴的保护环境的化学技术，涉及学科众多，内容广泛。

研究者们提出了绿色化学的 12 条原则，用作评估生产过程、工艺路线等是否符合绿色生产标准的指导原则：

（1）预防污染产生优于污染形成后处理；

（2）设计合成方法时，应最大限度地使所用的全部材料均转化到最终产品中；

（3）尽可能使反应中使用和生成的物质对人类和环境无毒或毒性很小；

（4）设计化学产品时应尽量保持其功效并降低其毒性；

（5）尽量不用辅助试剂，需要使用时应采用无毒物质；

（6）能量使用应最小，并应考虑其对环境和经济的影响，合成时应尽可能在常温、常压下操作；

（7）最大限度地使用可再生原料；

（8）尽量避免不必要的反应衍生步骤；

（9）催化试剂优于化学计量试剂；

（10）化学品应设计成使用后容易降解为无害物质的类型；

（11）分析方法应能真正实现在线监测，在有害物质形成前加以控制；

（12）化工生产过程中各种物质的选择与使用，应使化学事故的隐患最小。

HUAXUEPIN

HUANJING GUANLI ZHISHI WENDA

化学品 环境管理知识问答

第二部分
化学品的危害及分类

15. 化学品有哪些危害?

化学品的危害:

物理危害

健康危害

环境危害

化学品的危害可以分为物理危害、健康危害和环境危害。物理危害是指化学品物理特性如爆炸、燃烧、自反应等造成的危害;健康危害是指化学品引起的刺激、过敏、中毒、致癌等危害;环境危害是指化学品对水生、陆地生物的影响以及对臭氧层的破坏等。

根据联合国全球化学品统一分类和标签制度(GHS),依据化学品固有的危害性,目前设有28个危害性分类,包括16个物理危害性、10个健康危害性以及2个环境危害性。

物理危害性包括爆炸性、燃烧性、腐蚀性、反应性、氧化性等。

健康危害性包括急性毒性、皮肤腐蚀/刺激性、严重眼损伤/眼刺激性、呼吸或皮肤致敏物、生殖细胞突变性、致癌性、生殖毒性等。

环境危害性包括危害水生环境和危害臭氧层等。

下面将分别介绍这些危害性。

16. 所有的化学品都有危害性吗？

　　化学品的危害性指的是化学品暴露后引起的不利效应，因此化学品的危害性与暴露量息息相关。一般来说，化学物质本身都可能具有一定的毒性，接触剂量决定其毒性是否显现。如三氧化二砷（俗称"砒霜"），虽是众所周知的剧毒化学品，但在低于一定限量时可作药物，并不会对人体造成实质性毒害效应。而对于我们经常食用的食盐（化学成分主要为氯化钠），正常食用不会对人体造成损害，但若食入过量，同样会对人体造成影响。因此，对于化学品的危害性要客观看待，通过避免或减少接触，科学应对，从而趋利避害。

> 三氧化二砷（"砒霜"），虽是剧毒化学品，但在低于一定限量时可作药物，并不会对人体造成实质性毒害效应。经常食用的食盐（化学成分主要为氯化钠），正常食用不会对人体造成损害，但若食入过量，同样会对人体造成影响。

三氧化二砷是剧毒物质，少量时可作药物，如治疗白血病。

三氧化二砷在低于一定限量时可作炸药。

氯化钠

17. 化学品危害的特点有哪些？

　　化学品危害的特点体现在两个方面：显性危害和隐性危害。显性危害通常是指化学品的燃烧、爆炸、刺激、急性中毒等危害，这种危害往往易于被人们发觉，可以及时防范；隐性危害通常是指化学品的慢性毒性危害，例如致癌、致突变、生殖毒性等，这种危害往往不易及时被发觉，甚至会潜伏数十年之后才会在人体或生态环境中显现。

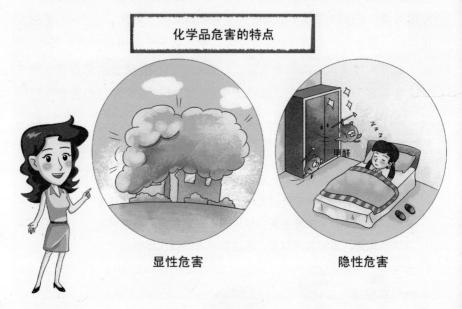

化学品危害的特点

显性危害　　　　　　　　隐性危害

18. 为什么要对化学品进行危害性分类？

化学品种类繁多，不同化学品的危害性千差万别，实施化学品防护、处理处置及风险管理，需要紧密结合化学品的不同特性，采取相适应的防护与安全措施。这样可以有效避免因为相关危害信息的缺乏与认识的不一致，而在化学品生产、使用、储存、消费等过程中，对民众健康或环境带来损害。在这种背景下，许多国家为了规范化学品危害性的标识，陆续制定并发布了本国的化学品分类标识制度和标准。

随后，伴随化学品全球贸易的不断扩大，人们发现由于各国分类和标签标准存在一定差异，造成在国际贸易中遵守各国运输及安全管理规则存在较大障碍。为此，2002 年国际社会推出了《全球化学品统一分类和标签制度》（GHS），也就是各国共同来执行一套一致的分类和标签方案。我国是该项协定的签署国和批准国，我国已于 2008 年正式实施该项制度。

许多国家为了规范化学品危害性的标识，陆续制定并发布了本国的化学品分类标识制度和标准。

我国已于 2008 年实施！

19. 常见的化学品分类方法有哪些？

目前，国际上对化学品分类方法存在两个体系，即《关于危险货物运输的建议书规章范本》（TDG）和《全球化学品统一分类和标签制度》（GHS）。这两个体系都是联合国制定的，但二者的目标和内容有一定差异。TDG 是为保障运输安全而对危险货物运输作出的统一规则；GHS 是从化学品安全角度，为保护生产者、消费者和生态环境而制定的规范化学品危害分类和标识的统一标准。

20. 什么是 GHS？

GHS，全称为"全球化学品统一分类和标签制度"，是联合国以世界各国主要化学品分类制度为基础，创建的一套科学的、统一标准的化学品分类和标签制度，用以统一各国对化学品的危害分类与标识，以便在国际贸易及全球环境下对化学品实施管理。我国是该项制度的执行国之一，依据联合国 GHS 文本，我国制定了《化学品分类和标签规范》（GB 30000）系列标准，现行的标准体系中有 28 项标准，标准号从 GB 30000.2—2013 至 GB 30000.29—2013。

21. 化学品的物理危害类别有哪些？

依据《化学品分类和标签规范》（GB 30000），化学品的物理危害包括 16 个危害种类，分别为：爆炸物、易燃气体、气溶胶、氧化性气体、加压气体、易燃液体、易燃固体、自反应物质和混合物、自燃液体、自燃固体、自热物质和混合物、遇水放出易燃气体的物质和混合物、氧化性液体、氧化性固体、有机过氧化物和金属腐蚀剂。

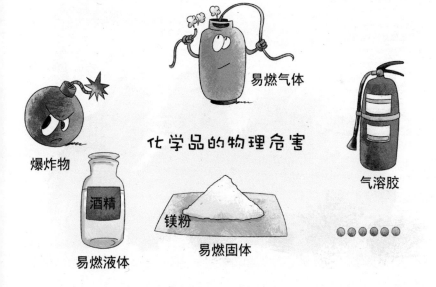

化学品的物理危害

易燃气体

爆炸物

气溶胶

酒精

镁粉

易燃液体

易燃固体

22. 化学品的健康危害类别有哪些？

依据《化学品分类和标签规范》，化学品的健康危害包括 10 个危害种类，分别是：急性毒性、皮肤腐蚀／刺激、严重眼损伤／眼刺激、呼吸道或皮肤致敏、生殖细胞致突变性、致癌性、生殖毒性、特异性靶器官毒性（一次接触）、特异性靶器官毒性（反复接触）和吸入危害。

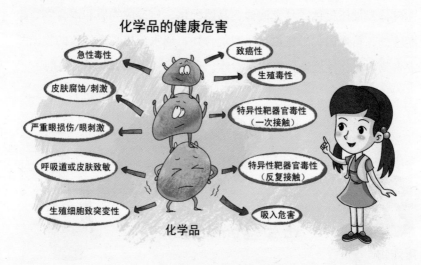

化学品的健康危害

23. 化学品的环境危害类别有哪些？

依据《化学品分类和标签规范》，目前化学品的环境危害包括 2 个危害种类，分别是对水生环境的危害和对臭氧层的危害。

化学品的环境危害

对水生环境的危害　　　　对臭氧层的危害

24. 化学品危害分类象形图是什么样子的?

象形图是一种图形构成,以不同的图形要素来传达某种具体信息。在化学品危害分类方面,联合国提出了全球统一的象形图,规定象形图是红色框线的方块形状,使用黑色符号加白色背景。具体如下图所示。

火焰　　圆圈上方火焰　　爆炸弹　　　腐蚀　　　高压气瓶

骷髅和交叉骨　感叹号　　环境　　健康危害

25. 什么是危险化学品？

危险化学品

爆炸　　　　燃烧

对人体危害

　　危险化学品，是指具有毒害、腐蚀、爆炸、燃烧、助燃等性质，对人体、设施、环境具有危害的剧毒化学品和其他化学品。它们有的在常温下易挥发；有的遇湿易燃，如遇水或受潮时就发生剧烈反应放出易燃气体和大量的热；有的不需要明火就能自燃或爆炸。

　　目前，我国对于危险化学品实行目录管理，列入危险化学品目录中的物质在我国即被认为是危险化学品。危险化学品目录，由国务院安全生产监督管理部门会同工业和信息化、公安、环境保护、卫生、质量监督检验检疫、交通运输、铁路、民用航空、农业主管部门，根据化学品危险特性的鉴别和分类标准确定、公布，并适时调整。

26. 什么是有毒化学品？

　　有毒化学品是指通过直接或间接接触，造成人类或生物体行为异常、机能障碍等疾病，甚至死亡等危害的化学品。如苯、甲醛、氰化钠、多氯联苯等都属于有毒化学品。

有毒化学品是指通过直接或间接接触，造成人类或生物体行为异常、机能障碍等疾病，甚至死亡等危害的化学品。

27. 哪些化学品属于剧毒化学品？

　　依据《危险化学品安全管理条例》及《危险化学品目录（2015）》，剧毒化学品是指具有剧烈急性毒性危害的化学品，包括人工合成的化学品及其混合物和天然毒素，还包括具有急性毒性易造成公共安全危害的化学品。

　　下列为剧毒化学品判定标准：

◎ 急性毒性经口 LD$_{50}$（半数致死剂量）≤ 5mg/kg，或；

◎ 经皮 LD$_{50}$（半数致死剂量）≤ 50mg/kg，或；

◎ 吸入（4h）LC$_{50}$（半数致死浓度）≤ 100ml/m^3（气体）或 0.5mg/L（蒸气）或 0.05mg/L（尘、雾）。

《危险化学品目录（2015）》中所有标注有"剧毒"的均为剧毒化学品，如氯气、氰化钠、三氧化二砷、氯化汞、甲基肼、四乙基铅、甲硫磷、氟乙酸甲酯等。

28. 什么是危险化学品事故？

危险化学品火灾事故　　危险化学品爆炸事故

危险化学品突发环境事件

危险化学品中毒事故　　其他危险化学品事故

危险化学品事故是指由一种或数种危险化学品或其能量意外释放造成的人身伤亡、财产损失或突发环境事件。危险化学品事故大体可划分为5类：危险化学品火灾事故、危险化学品爆炸事故、危险化学品中毒事故、危险化学品突发环境事件、其他危险化学品事故。

危险化学品火灾事故是指燃烧物质主要是危险化学品的火灾事故。具体又分若干小类，包括：易燃液体火灾、易燃固体火灾、自燃物品火灾、遇湿易燃物品火灾、其他危险化学品火灾。易燃气体、液体火灾往往又引起爆炸事故，造成重大的人员伤亡。由于大多数危险化学品在燃烧时会放出有毒有害气体或烟雾，因此在危险化学品火灾事故中，往往会伴随发生人员中毒和窒息事故。

危险化学品爆炸事故是指危险化学品发生化学反应的爆炸事故或液化气体和压缩气体的物理爆炸事故。具体包括：爆炸品的爆炸（又可分为烟花爆竹爆炸、民用爆炸器材爆炸、军工爆炸品爆炸等）；易燃固体、自燃物品、遇湿易燃物品的火灾爆炸；易燃液体的火灾爆炸；易燃气体爆炸；危险化学品产生的粉尘、气体、挥发物爆炸；液化气体和压缩气体的物理爆炸；其他化学反应爆炸。

危险化学品中毒事故主要是指通过人体吸入、食入或接触有毒化学品或者化学品反应的产物，而导致的中毒和窒息事故。具体包括：吸入中毒事故（中毒途径为呼吸道）；接触中毒事故（中毒途径为皮肤、眼睛等）；误食中毒事故（中毒途径为消化道）；其他中毒和窒息事故。

危险化学品突发环境事件主要是指气体或液体危险化学品发生了一定规模的泄漏，虽然没有发展成为火灾、爆炸或中毒事故，但造成了严重的财产损失或生态环境污染等后果的危险化学品事故。危险化学品泄漏事故一旦失控，往往也会造成火灾、爆炸或中毒事故。

其他危险化学品事故是指不能归入上述四类危险化学品事故之外的其他危险化学品事故，如危险化学品罐体倾倒、车辆倾覆等。

29. 目前高度关注的化学品有哪些类别?

目前,高度关注的化学品主要集中在以下几类:

(1)具有持久性、生物蓄积性和毒性(PBT)的物质,以及具有高持久性和高生物蓄积性(vPvB)的物质;

(2)具有致癌性、致突变性、生殖发育毒性等慢性毒性的化学品(CMR);

(3)具有高急性毒性危害的化学品;

(4)具有特殊毒性的化学品,例如内分泌干扰物(EDC)等。

30. 什么是 PBT 物质?

PBT的化学物质必须同时具有三个主要特性。

PBT物质

PBT物质

PBT物质

(3)对人体与生态系统的毒性

(1)环境难降解性

(2)生物蓄积性

PBT 是英文"Persistent Bioaccumulative and Toxic"的首字母缩写,意为持久性、生物蓄积性和毒性。PBT 物质是指在环境中难以降解、能通过食物链进行生物蓄积并对人体健康和生态系统存在不利影响的化学物质。被称作 PBT 的化学物质必须同时具有三个主要特性，即环境难降解性、生物蓄积性和对人体与生态系统的毒性。我国的国家标准《持久性、生物累积性和毒性物质及高持久性和高生物累积性物质的判定方法》（GB/T 24782—2009）对 PBT 物质的判别标准进行了明确规定。

31. PBT 物质有何危害？

（1）PBT的持久性使得PBT物质在环境中难以降解而长久存在；
（2）PBT的生物蓄积性使得PBT物质在生物体内，尤其是在食物链的顶层捕食者体内大量蓄积，从而造成慢性人体危害。

PBT 物质的危害性主要体现在这些物质本身所具有的高毒性方面，例如致癌性、致突变性、生殖发育毒性、慢性水生生物毒性等。除较高的毒性外，PBT 物质更为突出的危害特征是：

（1）因为 PBT 的持久性使得 PBT 物质在环境中难以降解而长久

存在，并且持久性越高，对人体和生物体的暴露程度也就越高，相应地产生危害的风险就越大。

（2）PBT 的生物蓄积性使得 PBT 物质在生物体内，尤其是在食物链的顶层捕食者体内大量蓄积，从而造成慢性人体危害。

此外，许多 PBT 物质（如其中的 POPs 物质）还具有半挥发性，可以随着大气的运动迅速扩散到世界的各个角落，从而使污染不再是一个地区、一个国家的问题，而成为了全球性的污染问题。

32. 什么是持久性有机污染物（POPs）？

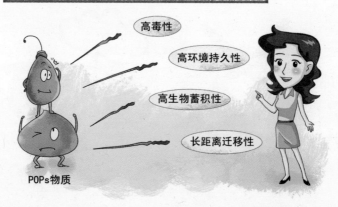

POPs物质通常具有四个特点：高毒性、高环境持久性、高生物蓄积性和长距离迁移性。

高毒性

高环境持久性

高生物蓄积性

长距离迁移性

POPs物质

持久性有机污染物（POPs）是指能够通过各种环境介质（大气、水、生物体等）进行长距离迁移，并且能持久存在于环境中，可通过食物链（网）进行生物蓄积，对人类健康和生态环境具有严重危害的天然或人工合成的有机污染物质。POPs 物质通常具有四个特点：高毒性、高环境持久性、高生物蓄积性和长距离迁移性。

33. 什么是 vPvB 物质？

vPvB 是英文 "very Persistent and very Bioaccumulative" 的首字母缩写，vPvB 物质是高持久性、高生物蓄积性物质的简称，是指那些在环境中具有极难降解性同时在生物体内又具有极高蓄积性的化学物质。我国的国家标准《持久性、生物累积性和毒性物质及高持久性和高生物累积性物质的判定方法》（GB/T 24782—2009）对 vPvB 物质的判别标准进行了明确规定。

34. vPvB 物质有何危害？

vPvB 物质的危害与 PBT 物质的危害近似，不同的是，这类物质因表现出更高的持久性和生物蓄积性，即使物质的毒性不高，也会因对人体和生物体产生大量的蓄积而造成不可预知的健康损害。如欧盟列入高关注化学品清单中的二甲苯麝香，就是 vPvB 物质，它是人造麝香中一种，许多国家已禁止在化妆品、洗涤剂等日用化学品中使用这类物质，其中最早的是日本。1993 年，日本首次在母乳和脂肪组织中检测出人造麝香残留，认为人造麝香有扰乱内分泌和影响生物荷尔蒙正常发挥作用等副作用，并具有致癌性。然而，从二甲苯麝香的毒性看，其危害性主要表现为具有易燃性和水生急慢性毒性。

35. 持久性有毒物质（PTS）与 PBT、POPs 有何区别？

比较起来，PTS 涵盖的物质范围最大，PBT 次之，而 POPs 相当于从上述范围中抽取出的一小部分对生态环境和人类健康危害更大的物质。

持久性有毒物质通常简称 PTS，它与 PBT、POPs 有联系，但并非一回事。从概念上看：

PTS（Persistent Toxic Substance）强调的是环境持久性和毒性，并未向 PBT、POPs 那样强调生物蓄积性。

PBT（Persistent Bioaccumulative and Toxic）与 PTS 相比，强调了生物蓄积性；但是与 POPs 相比，未强调长距离迁移性。

POPs（Persistent Organic Pollutants）强调了高持久性、高生物蓄积性、长距离迁移性和对生物体的负面效应，并且必须是有机物。

因此，比较起来，PTS 涵盖的物质范围最大，PBT 次之，而 POPs 相当于从上述范围中抽取出的一小部分对生态环境和人类健康危害更大的物质。

36. 什么是"三致物质"？

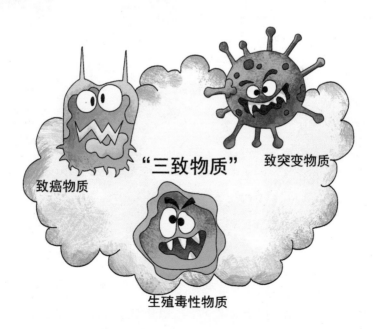

"三致物质"

致癌物质

致突变物质

生殖毒性物质

"三致物质"是 CMR 类物质的俗称，即指具有致癌性（Carcinogen）、致突变性（Mutagen）或生殖毒性（Reproductive toxic）的化学物质，是致癌物质、致突变物质和生殖毒性物质的统称。被称作 CMR 的化学物质，可能具有上述三类毒性的某一类或两类，也可能同时都具有。

37. 典型的 CMR 类物质有哪些？

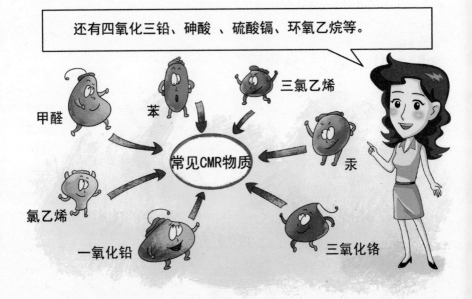

还有四氧化三铅、砷酸、硫酸镉、环氧乙烷等。

甲醛　苯　三氯乙烯

常见CMR物质

汞

氯乙烯　一氧化铅　三氧化铬

比较常见的 CMR 物质有甲醛（致癌性）、苯（致癌性和致突变性）、三氯乙烯（致癌性和致突变性）、汞（生殖毒性）、三氧化铬（致癌性，致突变性和生殖毒性）、一氧化铅（致癌性和生殖毒性）、四氧化三铅（致癌性和生殖毒性）、砷酸（致癌性）、硫酸镉（致癌性，致突变性和生殖毒性）、氯乙烯（致癌性）、环氧乙烷（致癌性和致突变性）等。

38. 常见重金属及其危害有哪些？

　　通常，将密度大于 4.5 g/cm³ 的金属均称作为重金属，共 40 余种。某些重金属（如锰、铜、锌、铬等）是生命活动所需的微量元素，但是大部分重金属（如汞、铅、镉等）并非生命活动所必需，而且所有重金属超过一定浓度都对人体有毒。在环境污染方面常说的重金属主要有镉、汞、铅、铬、砷（类金属）等，其主要危害见下表。

重金属	短期暴露	长期暴露
汞	腹泻；发热；呕吐	口炎；恶心；肾病综合征；神经衰弱；味觉倒错；红皮病；震颤
铅	脑病；恶心；呕吐	贫血；脑病；足下垂/腕下垂；肾病
砷（类金属）	恶心；呕吐；腹泻；脑病；多器官效应；心律失常；疼痛性神经病	糖尿病；色素减退/角化过度；癌症
镉	肺炎	肺癌；骨软化；蛋白尿
铬	肠胃出血；溶血；急性肾功能衰竭	肺纤维化；肺癌

39. 消耗臭氧层物质及其危害有哪些？

消耗臭氧层物质（ODS）是指能够破坏大气臭氧层，从而危害人类生存环境的化学物质。常见的 ODS 物质主要包括：① 全氯氟烃类（如二氯二氟甲烷），主要用作制冷剂、清洗剂和发泡剂；②哈龙，主要用作灭火剂；③四氯化碳，主要用作化工生产的助剂、清洗剂等；④含氢氯氟烃类（如一氯一氟甲烷等），主要用作制冷剂、清洗剂和发泡剂；⑤甲基氯仿，主要用作清洗剂；⑥ 溴甲烷，主要用作杀虫剂等。

消耗臭氧层物质主要是通过对臭氧层的破坏而间接对人体和生态环境产生危害。随着消耗臭氧层物质向大气排放的增加，与大气中的臭氧发生反应，造成臭氧数量减少、臭氧层变薄甚至形成"臭氧层黑洞"，造成更多的紫外线进入地球表面生物圈。而过量的紫外线会引发人体皮肤癌、白内障等疾病的发生，甚至可引起人体DNA的突变，造成人体免疫机制减退；同时，过量的紫外线也会对生物体产生较大影响，例如使植物叶片变小、降低农作物产量、海洋浮游生物减少、危害鱼虾早期发育、破坏海洋生物链等。

HUAXUEPIN

HUANJING GUANLI ZHISHI WENDA

化学品 环境管理知识问答

第三部分
化学品事故案例

40.案例一——意大利塞维索化学污染事故

　　1976年7月10日,距意大利米兰市以北约20 km的塞维索(Seveso)镇上,发生了一起严重的化工厂爆炸事故,导致大量有毒物质外泄污染环境。事故的起因是伊克梅萨(ICMESA)化工厂(以生产化工中间体为主)在生产过程中,水解反应釜由于反应放热失控,突然发生爆炸,包括四氯苯、三氯苯酚以及二噁英等在内的化学物质冲入空中,形成了一个大面积的污染云团。在接下来的几个小时内,污染云团迅速向下风向扩散了约6 km,并沉降到地面,污染范围波及十多个城镇。

塞维索化学污染事故

　　造成危害的主要是事故外泄污染物中含有的剧毒物质二噁英,据推算,污染云团中估计含有高达130 kg的二噁英。事故发生后第三天,出现了鸟、兔、鱼等小动物死亡的现象,7月14日,当地儿童和重污染区的人员出现皮肤红肿等各类炎症,并且出现中毒现象。伊克梅萨

（ICMESA）化工厂周围 8.5 万 m^2 范围内所有居民全部被迁走，1.5km^2 内的植物均被填埋，在数公顷土地上铲除了几厘米厚的表层土。这次事故发生后，引起了公众极大恐慌，也促使欧盟管理部门对化学品管理的反思，出台了针对重大危险源管理的《塞维索指令》。

41. 案例二——印度博帕尔的异氰酸甲酯泄漏事故

异氰酸甲酯(MIC)原料　　　氮氧化物

氮氧化物

氰化氢

氰化氢

印度博帕尔事故

印度博帕尔事故是历史上最严重的化学工业事故之一，影响巨大。1984 年 12 月 3 日凌晨，印度中部博帕尔市北郊的联合碳化物（印度）公司（隶属于美国联合碳化物公司）的原料储藏罐发生爆炸，巨大的气柱冲向天空，形成一个蘑菇状气团，并很快扩散开来。约 40 t 剧毒的异氰酸甲酯（MIC）原料及氰化氢、氮氧化物等反应物在当时 17℃ 的大气中，迅速凝聚成毒雾弥散开来，覆盖了约 30 km² 的地区。

由于当时是夜间，数百人在睡梦中就被悄然夺走了性命，有更多的人被毒气熏呛后惊醒，涌上街头，人们被这骤然降临的灾难弄得晕头转向，不知所措。2 259 人瞬间中毒死亡，大量民众纷纷逃离受污染区域，很多人在逃离过程中被毒气弄瞎了眼睛甚至中毒死亡，满街遍野到处是人、畜和飞鸟的尸体，惨不忍睹。据官方统计，这次事故造成 2 万余人直接死亡，558 125 人受伤，而幸免于难者几乎都有呼吸问题，无法从事重体力劳动。

博帕尔事件造成的经济损失高达近百亿美元，事故发生后，美印双方就谁是主要责任者问题展开了唇枪舌剑的争论。最终，这桩案子以美方的巨额赔款了结。由于这次大灾难，管理部门加强了危险化学品风险源管理以及公众知情权通报，世界各国化学集团也改变了拒绝与社区通报的态度。

42. 案例三——松花江硝基苯泄漏事件

2005 年 11 月 13 日，中国石油天然气股份有限公司吉林石化分公司双苯厂的一座硝基苯精馏塔发生爆炸，造成 8 人死亡，60 人受伤，直接经济损失达 6 908 万元。爆炸发生后，约 100 t 苯类物质（苯、硝基苯等）流入松花江，造成了江水严重污染，形成长达 135 km 的污染带，沿岸数百万居民的生活受到影响。松花江污染带还汇入了作为中俄界河的黑龙江（俄方称阿穆尔河），对俄罗斯的生态环境和人民生活也造成了一定影响。

国务院事故及事件调查组经过深入调查、取证和分析，认定中石油吉林石化分公司双苯厂"11·13"爆炸事故和松花江水污染事件，是一起特大安全生产责任事故和特别重大水污染责任事件。此次事件的发生，也凸显出我国环境事件应急机制存在的弊端，间接推动了我国重大突发事件应急预案制度的完善与发展。

43. 案例四——日本米糠油事件

1968年6—10月，日本的九州、四国等地区的许多人因患原因不明的皮肤病到九州大学附属医院就诊。患者初期症状为痤疮样皮疹，指甲发黑，皮肤色素沉着，眼结膜充血等。此后3个月内，又确诊了325名患者，之后在全国各地仍不断有新的患者出现。至1977年，由于该疾病造成的死亡人数已高达数万余人。

这一事件引起了日本卫生部门的重视，通过尸体解剖，在死者五脏和皮下脂肪中发现了多氯联苯，这是一种化学性质极为稳定的脂溶性化合物，可以通过食物链而富集于动物体内。多氯联苯被人畜食用后，多蓄积在肝脏等多脂肪的组织中，损害皮肤和肝脏，引起中毒甚至死亡。

> 大量被污染的米糠油作为食用油被售卖至千家万户，导致食用这些米糠油的人发生中毒，并最终导致死亡。这一事件的发生在当时震惊了世界。

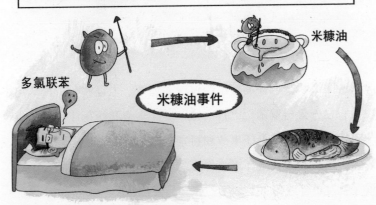

日本卫生部门经过分析后，怀疑发病的原因与食用受污染的米糠油有关。经过对患者食用的米糠油进行追踪调查，发现九州一个食用油厂在生产米糠油时，因操作失误与管理不善，致使米糠油中混入了有毒物质多氯联苯，造成严重污染。作为食用油，大量被污染的米糠油被售卖至千家万户，导致食用这些米糠油的人发生中毒，并最终导致死亡。这一事件的发生在当时震惊了世界。

44. 案例五——日本"痛痛病"事件

日本的"痛痛病"事件发生在日本富山县，是由于重金属镉的污染引发的。1931 年，在富山县出现了一种怪病，患者病症表现为腰、手、脚等关节疼痛。病症持续几年后，患者全身各部位会发生神经痛、骨痛现象，行动困难，甚至呼吸都会带来难以忍受的痛苦。到了患病后期，患者骨骼软化、萎缩，四肢弯曲，脊柱变形，骨质松脆，就连咳嗽都能引起骨折。患者不能进食，疼痛无比，常常大叫"痛死了！"，有的人因无法忍受痛苦而自杀。这种病由此得名为"骨癌病"或"痛痛病"。

1946—1960 年，日本医学界从事综合临床、病理、流行病学、动物实验和分析化学的人员经过长期研究后发现，"痛痛病"与含镉废水有关，是典型的镉（Cd）中毒。由于工业的发展，日本富山县神通川上游的神冈矿山从 19 世纪 80 年代就已经成为日本铝矿、锌矿的生

产基地。矿产企业长期将未经处理的废水排入神通川，污染了水源。用这种含镉的水浇灌农田，生产出来的稻米成为"镉米"。"镉米"和"镉水"把神通川两岸的人们带进了"痛痛病"的阴霾中。进入体内的镉首先破坏了骨骼内的钙质，进而肾脏发病，内分泌失调，经过十多年后进入晚期而死亡。经骨痛病尸体解剖，肾脏发现含有大量镉，有的骨折达 73 处之多，身长缩短了 30 cm，甚至骨灰中镉含量都达到 2%。

45. 案例六——日本水俣病事件

日本水俣病事件是世界上一个典型的水污染事件，因发生在日本熊本县水俣镇而得名。1956 年，水俣湾附近发现了一种奇怪的病。这种病症最初出现在猫身上，被称为"猫舞蹈症"。病猫步态不稳，抽搐、麻痹，甚至跳海死去，被称为"自杀猫"。随后不久，水俣镇也发现了患这种病症的人。患者由于脑中枢神经和末梢神经被侵害，轻者口齿不清、步履蹒跚、面部痴呆、手足麻痹、感觉障碍、视觉丧失、震颤、手足变形，重者神经失常，或酣睡，或兴奋，身体弯弓高叫，直至死亡。

这种"怪病"就是日后轰动世界的水污染事件——水俣病，是最早出现的由于工业废水排放造成水污染的公害病。"水俣病"的罪魁祸首是汞和甲基汞，水俣镇化工企业在氯乙烯和醋酸乙烯制造过程中排放大量含汞废水，进入环境后转化为甲基汞等高毒的有机汞化合物。水俣湾由于常年含汞工业废水的排放而被严重污染，水俣湾里的鱼虾类也由此被污染，这些被污染的鱼虾通过食物链又进入了动物和人类的体内。甲基汞通过鱼虾进入人体，被肠胃吸收，侵害脑部和身体其他部分。进入脑部的甲基汞会使脑萎缩，侵害神经细胞，破坏掌握身体平衡的小脑和知觉系统。

自 1956 年 5 月 1 日首例水俣病患者被确诊后，先后有 2 265 人被确诊（其中有 1 573 人已病故），另外有 11 540 人不同程度地患有此种病状，其后附近其他地方也发现患有此类症状的病人。水俣病给当地居民及其生存环境带来了无尽的灾难，所造成的直接损害以及为消除损害所支付的费用高达 3 000 亿日元，而且这个数字每天还在增加。2004 年 10 月 15 日，有 45 人起诉日本政府行政不作为的案件在日本最高法院胜诉，"水俣病事件"再次引起社会关注。判决认为，日本政府在 1956 年获知水俣病的成因后，直到 12 年后才做出禁止排放含汞废水的决定，政府应承担导致水污染扩大化的行政责任。目前，还有 4 000 多人诉诸法律，要求政府承担因这次水污染事件造成损害赔偿的责任。

46. 案例七——鲸与海豚的集体自杀事件

在众多的自然之谜中，鲸鱼与海豚的"集体自杀"无疑是最悲惨、最牵动人心的一幕。对于鲸鱼与海豚的自杀之谜，科学家们做了种种推测，普遍认为是出于人类社会的某种原因才出现这样的悲剧。日本学者岩田久人在海豚尸体中检测到了高浓度的三丁基锡、三苯基锡等有机锡毒物，大脑中的含量尤高。他认为，这些有机锡毒物是导致鲸类和海豚集体自杀的真正凶手。

三丁基锡
三苯基锡

"鲸与海豚的集体自杀"，真凶除了三丁基锡外，还有三苯基锡。

海洋中的贝类、藻类等小生物喜欢寄居在船底上飘洋过海，这样就造成船体增重、船速降低，损害了螺旋桨，增加了动力消耗。为了解决这一问题，航海公司在船底涂上三丁基锡等有机锡涂料，以阻止海洋小生物在船体上生长。这样一来就有相当数量的有机锡毒物缓慢地溶入了海水之中，不断积累，达到有害的程度。鲸鱼和海豚特别喜欢在轮船驶过的线路上出没，追逐轮船掀起的波涛，因此它们受有机锡涂料毒害的机会特多、程度特别深。有机锡涂料造成鲸类和海豚的脑神经细胞受损，方向感丧失，无法辨别东南西北。同时，鲸类和海豚有集体行动的习性，追随头领，互相嬉戏。如果有一条因中毒失去辨别方向的能力而冲上海滩，那么其他的也会尾随其后，盲目跟进，造成"集体自杀"的惨剧。

小贴士：有机锡化合物是包括一个以上锡－烃键（C-Sn）的化合物，多为固体或油状液体，不溶或难溶于水。有机锡化合物对人体和环境都十分有害，危害性主要表现在生物体的中枢神经系统损伤、细胞免疫性伤害、激素分泌抑制等；同时，对人体皮肤、呼吸道、角膜具有刺激作用，甚至会通过皮肤或脑水肿引起全身中毒，直至死亡。此外，有机锡化合物还属于内分泌干扰物（EDC），可干扰生物体内分泌物的合成、分泌、输送等，从而影响生物体的发育、生长、行为和生殖等。

47. 案例八——美国国鸟秃鹰"中毒"

秃鹰是美国的国鸟，受法律保护。加利福尼亚州卫生部门公布的一份调查报告显示，因受环境污染影响，美国一些地区的秃鹰体内存在多种化学毒物，其含量已达危险程度。在秃鹰体内发现的几种化学毒物中，多溴二苯醚（PBDEs）含量最高。

多溴二苯醚是一系列含溴原子的芳香族化合物，有四溴、五溴、六溴、八溴、十溴等209种异构体。因其独特的结构性质，多溴二苯醚最大的用途是作为防火阻燃剂，在电子电器设备、自动控制设备、

建筑材料、家具和纺织品等商品中得到较广泛应用。但是，多溴二苯醚具有难降解性、环境稳定性、高脂溶性和生物放大作用，并且对生物和人体具有毒害效应，主要表现在对脂肪组织、神经系统、甲状腺和生殖发育系统的影响与损伤。2009 年，联合国环境规划署（UNEP）正式将四溴联苯醚和五溴联苯醚、六溴联苯醚和七溴联苯醚列入《斯德哥尔摩公约》（POPs 公约），实施全球范围管制。

美国秃鹰"中毒"

多溴二苯醚（PBDEs）

HUAXUEPIN

化学品 环境管理知识问答

HUANJING GUANLI ZHISHI WENDA

第四部分
国际化学品的环境管理

48. 国际上采取了哪些行动来管控化学品？

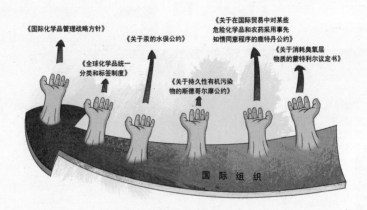

随着现代社会对化学品需求的不断增加，化学品对环境和人类健康的影响不断加大。20 世纪后半叶以来，化学品环境问题日益引起全球范围的广泛关注。1992 年联合国环境与发展大会通过的《21 世纪议程》，在第 19 章"有毒化学品的环境无害化管理"中明确提出要在扩大和加速对化学品风险的国际评估、交换有关化学品风险资料等六个方面开展行动。在此背景下，国际组织陆续开展了一系列化学品环境公约的谈判，先后通过了《关于在国际贸易中对某些危险化学品和农药采用事先知情同意程序的鹿特丹公约》（1998 年）、《关于持久性有机污染物的斯德哥尔摩公约》（2001 年）、《关于汞的水俣公约》（2013 年）等。此外，针对化学品的分类和标签，联合国于 2002 年制定了《全球化学品统一分类和标签制度》，并在全世界范围内进行推广使用。2006 年还推出了化学品管理政策纲领性文件《国际化学品管理战略方针》。

49.《21世纪议程》提出了哪些化学品管理行动方案？

联合国《21世纪议程》（Agenda 21）是一份没有法律约束力的全球可持续发展计划的行动蓝图，旨在鼓励经济发展的同时保护环境，它于1992年6月14日在巴西里约热内卢的联合国环境与发展大会上通过。《21世纪议程》是关于政府、政府间组织和非政府组织所应采取行动的可持续发展全球计划，为确保地球未来的安全提供了一个全球性框架，对世界可持续发展的影响巨大。

在《21世纪议程》的第19章"有毒化学品的环境无害化管理"中，提出了实现化学品环境无害化管理的六个行动方案，分别是：①扩大和加速对化学品风险的国际评估；②化学品分类和标签的一致化；③交换有关有毒化学品和化学品风险的资料；④拟订减少风险方案；⑤加强管理化学品的国家能力和能量；⑥防止有毒和危险产品的非法国际贩运。

50.什么是化学品的"环境无害化管理"？

化学品的"环境无害化管理"也被称作"化学品健全化管理"，是由联合国针对化学品环境安全管理提出的指导方针。概括起来，化学品的"环境无害化管理"是指采取一切可行的措施，确保以保护人类健康和环境的方式进行化学品环境管理，防止各种活动、过程、产品或物质的有害影响。

51. 什么是"国际化学品管理 2020 目标"？

2002 年，在南非约翰内斯堡召开了第一届可持续发展世界首脑会议（WSSD），通过了《可持续发展世界首脑会议实施计划》，旨在敦促世界各国开展统一行动以实现全球可持续发展目标。实施计划设定了实现化学品环境无害化管理的一项具有时限性的战略目标，这项目标被称作"2020 目标"，即：在化学品的整个生命周期内对之实行健全的管理，最迟至 2020 年，将化学品的使用和生产方式对人类健康和环境产生的重大不利影响降低到最低限度。

52. 什么是国际化学品管理战略方针（SAICM）？

国际化学品管理战略方针（SAICM）是一个促进全球化学品安全管理的政策框架，是建立在全球自愿性机制基础上的。

国际化学品管理战略方针（SAICM）是一个促进全球化学品安全管理的政策框架，是建立在全球自愿性机制基础上的。2006 年 2 月，经过国际社会共同努力，"国际化学品安全战略方针"于阿联酋迪拜召开的国际化学品管理大会上获得一致通过。SAICM 以努力实现化学品环境和健康风险最小化为目标，提出了包括化学品风险减少、信息交流、公共治理、能力建设与技术合作等方面的总体政策战略，以及一系列具有明确行动步骤和时间表的化学品管理行动方案。

53. 国际化学品管理通行的原则有哪些？

国际化学品管理中通常遵循的主要原则包括：

（1）全生命周期管理原则（life-cycle）：在制定化学品风险管理政策时，应当考虑化学品生命周期的各个阶段。

（2）预防性原则（Precautionary）：在源头对化学品风险加以预

防或者将风险降低到最低限度。

（3）优先性原则（Priority）：依据面临的化学品风险的性质和程度，按照合理的顺序，将管理行动的重点放在那些构成重大风险的化工过程、化学物质、产品和用途上，并不断对设定的优先事项进行调整。

（4）公众知情权和利益相关者参与原则（Right-to-know）：确保公众和工人对化学品危险性及防护措施具有知情权。与化学品生产、销售、使用等利益相关的所有个人、团体和组织，特别是那些生活和工作在可能受化学品影响的社区中的人们，应当了解和参与化学品有关的决策过程。

（5）科学性原则（Scientific）：在制定和实施化学品管理政策和计划时，应当尽可能利用已有的最佳科学信息。

54. 目前主要有哪些国际化学品环境公约？

目前，在国际环境管理框架及背景之下，已有根据不同环境议题签署的上千个多边环境协定、议定书、条约、公约等。

目前，在国际环境管理框架及背景之下，已有根据不同环境议题签署的上千个多边环境协定、议定书、条约、公约等。在这些国际文件中，与化学品环境管理密切相关的国际公约主要包括：《关于在国际贸易中对某些危险化学品和农药采用事先知情同意程序的鹿特丹公约》《关于持久性有机污染物的斯德哥尔摩公约》《关于汞的水俣公约》和《保护臭氧层维也纳公约》等。

55. 什么是《斯德哥尔摩公约》？

它是国际社会鉴于持久性有机污染物(POPs)存在的严重危害，为减少和消除POPs的产生和环境排放，保护人类健康和环境免受POPs的危害而缔结的一项国际公约。

《斯德哥尔摩公约》是国际化学品环境管理的重要公约之一，全称是《关于持久性有机污染物的斯德哥尔摩公约》。它是国际社会鉴于持久性有机污染物（POPs）存在的严重危害，为减少和消除 POPs 的产生和环境排放，保护人类健康和环境免受 POPs 的危害而缔结的一项国际公约。2001 年 5 月 23 日，在瑞典的斯德哥尔摩市，包括中国在内的 90 多个国家和地区的代表共同签署通过了《斯德哥尔摩公约》，决定全球携手共同应对持久性有机污染物问题，2004 年 5 月 17 日，该公约正式生效。

56. 《斯德哥尔摩公约》管控持久性有机污染物的种类以及管控措施是什么？

《斯德哥尔摩公约》管控的持久性有机污染物清单为动态的、开放式的，目前按照公约中所列出的甄选标准和流程已经进行了三次增补与修正，包含的物质由最初的12种类扩充至26种类。

持久性有机污染物	管制措施
艾氏剂、狄氏剂、异狄氏剂、七氯、氯丹、毒杀芬、灭蚁灵、六氯苯、多氯联苯、六溴联苯、六溴环十二烷、四溴二苯醚和五溴二苯醚、六溴二苯醚和七溴二苯醚、α-六氯环己烷、β-六氯环己烷、五氯苯、硫丹、林丹、十氯酮、多氯化萘、五氯苯酚及其盐和酯、六氯丁二烯	淘汰
滴滴涕、全氟辛基磺酸及其盐类和全氟辛基磺酰氟	限制
多氯代二苯并对二噁英、多氯代二苯并呋喃、六氯苯、五氯苯、多氯联苯、多氯化萘	削减无意产生的排放

《斯德哥尔摩公约》管控的持久性有机污染物清单为动态的、开放式的，目前按照公约中所列出的甄选标准和流程已经进行了三次增补与修正，包含的物质由最初的 12 种类扩充至 26 种类。对于这些物质，公约分别提出了淘汰、限制与削减无意排放的管控措施。

57. 什么是《鹿特丹公约》？

《鹿特丹公约》的全称是《关于在国际贸易中对某些危险化学品和农药采用事先知情同意程序的鹿特丹公约》。

在荷兰鹿特丹签署通过。

鹿特丹公约

《鹿特丹公约》的全称是《关于在国际贸易中对某些危险化学品和农药采用事先知情同意程序的鹿特丹公约》。1998 年 9 月 10 日，国际社会在荷兰鹿特丹签署通过了《鹿特丹公约》，使其成为具有法律约束力的国际化学品公约。公约的宗旨是保护人类健康和环境免受国际贸易中某些危险化学品和农药的潜在有害影响，核心是要求各公约缔约方对某些极危险的化学品和农药的进出口实行一套国家决策程序，即事先知情同意（PIC）程序，以促进缔约方在此类化学品的国际贸易中分担责任和开展合作。2004年2月24日，《鹿特丹公约》正式生效。

58. 《鹿特丹公约》管控化学品的种类以及管控措施是什么？

类别	《鹿特丹公约》管控化学品
农药及极为危险的农药制剂	2,4,5-涕及其各种盐类和酯类、甲草胺、涕灭威、艾氏剂、谷硫磷、乐杀螨、敌菌丹、氯丹、杀虫脒、乙酯杀螨醇、滴滴涕、狄氏剂、二硝基-邻-甲酚（DNOC）及其各种盐类（例如铵盐、钾盐和钠盐）、地乐酚及其盐类和酯类、1,2-二溴乙烷、硫丹、二氯乙烷、环氧乙烷、敌蚜胺、六六六（混合异构体）、七氯、六氯苯、林丹、汞化合物（包括：无机汞化合物、烷基汞化合物和烷氧烷基及芳基汞化合物）、久效磷、对硫磷、五氯苯酚及其盐类和酯类、毒杀芬、三丁锡化合物、含有以下成分的可粉化混合粉剂（包括：含量等于或高于7%的苯菌灵，含量等于或高于10%的虫螨威，含量等于或高于15%的福美双）、甲基对硫磷（有效成分含量等于或高于19.5%的乳油（EC）及有效成分含量等于或高于1.5%的粉剂）、磷胺（有效成分含量超过1 000g/L的可溶性液剂、甲胺磷
工业化学品	阳起石石棉、铁石棉、透闪石石棉、青石棉、直闪石石棉、商用八溴二苯醚（包括：六溴联苯醚、七溴联苯醚）、商用五溴二苯醚（包括：四溴联苯醚、五溴二苯醚）、（全氟辛基磺酸、全氟辛基磺酸盐、全氟辛基磺酰胺和全氟辛基磺酰）、多溴联苯、多氯联苯、多氯三联苯、四乙基铅、四甲基铅、三（2,3-二溴丙酸脂）磷酸盐

目前，《鹿特丹公约》管控化学品共47种类，其中，农药30种类、极为危险的农药制剂3种，工业化学品14种类，包含480多种化学品。对于这些化学品，《鹿特丹公约》的主要管控措施是要求在国际贸易

中执行事先知情同意（PIC）程序，即：各缔约方根据公约管制的各化学品的包含提名国家禁用或严格限用该化学品资料的决定指导文件来决定是否同意、限制或禁止某一化学品进口到本国，并将这一决定通知公约秘书处。公约秘书处以每 6 个月出版一期通报的形式告知各缔约方。出口缔约方把进口缔约方的决定通知本国出口部门并做出安排，确保本国出口部门货物的国际运输不在违反进口缔约方决定的情况下进行。

59. 什么是《水俣公约》？

《水俣公约》的全称是《关于汞的水俣公约》，是国际社会于 2013 年 10 月 10 日在日本水俣市签署通过的一项具有法律约束力的国际公约。

《水俣公约》的全称是《关于汞的水俣公约》，是国际社会于 2013 年 10 月 10 日在日本水俣市签署通过的一项具有法律约束力的国际公约。公约的目标是保护人体健康和环境免受汞和汞化合物人为排放和释放的危害，同时建立了为实现这一目标的一系列措施，包括对汞的供应和贸易实行控制、对添汞产品和涉汞工艺实行控制等。《水俣公约》的通过，意味着全球共同控制汞污染的联合行动迈进了一大步。截至 2015 年年底，该公约尚未正式生效，有望于 2016 年生效。

60. 欧盟的化学品环境管理现状如何？

在化学品管理方面，欧盟已经建立起全球领先的化学品管理体系。以《关于化学品注册、评估、授权与限制的法规》（REACH）和《关于物质和混合物的分类、标签和包装法规》（CLP）为代表，欧盟出台了大量化学品管理法规，目的在于约束与规制化学品经营者的行为，避免化学品生产、使用、运输、废弃等环节造成的危害，确保对人体健康与生态安全的保护。REACH 法规通过建立化学物质注册（信息通报）、风险评估、授权与许可等制度，创建了化学品风险管理的完整体系。REACH 法规的实施，对于减少化学品对人体健康与生态环境的风险，增加欧洲化学工业的竞争力和创新力，发挥了重要的作用。

欧洲化学品局（ECHA）是负责欧盟化学品管理的主要部门，负责欧盟范围内 REACH 和 CLP 等法规的具体实施。此外，化学品管理涉及的主管部门还有欧洲环境局（EEA）、欧洲职业安全与健康局（EU-OSHA）、欧洲药品局（EMA）等。

61. 美国的化学品环境管理现状如何？

美国建立了相对完善的化学品管理法规体系。比较重要的法规包括《21 世纪弗兰克·R·劳滕伯格化学品安全行动》（也称《有毒物质控制法》(TSCA)修正案)、《应急计划与社区知情法》(EPCRA)、《污染预防法》（PPA）、《职业安全卫生法》（OSHA）、《联邦食品、药品和化妆品法》（FFDCA）等。

美国建立了相对完善的化学品管理法规体系。

对于化学品的环境管理，主要由美国环保局负责。EPA 下设化学品安全和污染预防办公室（OCSPP），全面管理化学品的环境安全问题，消除它们的潜在危害，保障空气、水、土壤、生态以及消费者的安全。EPA 在化学品环境管理过程中，一方面严格控制具有危险性的新化学品进入美国市场，另一方面充分采取强制性管理和自愿性管理相结合的方式，减少高危害化学品的环境暴露，控制现有化学品的环境风险。

按照原 TSCA 等法律的规定，美国 EPA 还组织开展了多项化学品环境管理行动，包括化学品数据报告计划、有毒物质环境释放清单管理计划、化学品事故应急风险管理计划、内分泌干扰物质筛选计划等。这些管理行动在美国化学品环境管理中发挥了重要的作用，从化学品基础数据的获取，到化学品测试、危害筛查、风险控制与管理等各个环节，美国 EPA 都在着力充当防止化学品危害的"守护者"，并广泛汲取其他部门关于化学品风险管理和污染预防的举措，确保化学品对人体健康和环境不造成危害。

62. 日本的化学品环境管理现状如何？

> 日本政府认识到对于化学品安全管理的重要性，于1973年出台了《化学物质审查和生产控制法》(CSCL)，成为世界上第一部以立法形式对新化学物质和现有化学物质进行管理的法律。

　　20 世纪 70 年代之前，日本政府对于化学品的环境与健康安全管理远远落后于经济发展水平，导致日本成为"化学品公害先进国家"，先后出现了因化学品污染造成的水俣病事件、痛痛病事件、米糠油事件等著名的公害事件。日本政府认识到对于化学品安全管理的重要性，于 1973 年出台了《化学物质审查和生产控制法》（CSCL），成为世界上第一部以立法形式对新化学物质和现有化学物质进行管理的法律。CSCL 对新化学物质生产或进口前实施评价管理，对现有化学物质依据属性进行生产、进口或使用环节的管理，防止化学品环境污染和对人体健康的风险。2009 年，日本政府采取了类似欧盟化学品管理的模式，对 CSCL 进行了修订，从而建立了涵盖化学品信息收集、风险评估、限制淘汰等环节在内的化学品风险管理体系。

日本环境省（MOE）、经济产业省（METI）和厚生劳动省（MHLW）是日本化学品管理的"三驾马车"，共同依据法律法规的授权，开展化学品管理行动，促进化学品从业人员的职业健康和安全、保护消费者免受化学品的危害、防止化学品环境污染造成生态破坏。

63.加拿大的化学品环境管理现状如何？

实施有效的化学品环境安全管理，已经成为加拿大政府"保护加拿大环境规划"中采取的重要行动之一。在《加拿大环境保护法1999》（CEPA 1999）中，有毒物质的控制与管理是重要的一部分内容，对化学品环境管理进行了详细规定。目前，加拿大化学品环境管理就是按照 CEPA 1999 的规定，对加拿大所有化学品实施危害分类，建立优先采取行动的化学品名单，并逐步开展风险评价，着重解决与有毒化学品相关的环境污染、生态破坏、人体健康危害等多重问题。

加拿大化学品管理主要由环境部（EC）和卫生部（HC）负责，联合开展化学品管理行动，例如现有化学物质分类行动、化学品管理计划、食品与消费者安全行动计划、优先物质评价计划、联邦污染场地行动计划等。此外，由于加拿大实行联邦制政治体制，在防范化学品风险活动中，联邦政府与各省/地区的政府主管部门分别具有各自的职责。加拿大政府尽可能使管理活动透明，所有的利益相关方——包括企业、学术界、卫生和环境组织、土著居民组织、社会团体以及其他非政府组织——都有机会参与到加拿大化学品管理行动的实施过程中。

实施有效的化学品环境安全管理，已经成为加拿大政府"保护加拿大环境规划"中采取的重要行动之一。

64. 国际化学品环境管理中采用的管理制度主要有哪些？

国际化学品环境管理中采用的管理制度主要包括：化学品环境登记制度、优先化学品测试制度、化学品危害性分类与标签制度、化学品风险评价制度、化学污染物释放和转移报告制度、重大环境风险源报告和预案制度等。

65.什么是现有化学物质？

　　严格意义上讲，"现有化学物质"是一个管理概念，通常是指在法律规定期限之前就以商业目的存在的所有化学物质。例如，我国环境保护部定义的现有化学物质，是指自 1992 年 1 月 1 日至 2003 年 10 月 15 日期间，为了商业目的已在中国境内生产、加工、销售、使用或从国外进口的化学物质，这些物质被列入了《中国现有化学物质名录》。

66. 什么是新化学物质？

新化学物质是相对于现有化学物质而言的，也是一个管理概念，通常是指除现有化学物质之外的所有拟在本国范围内进行生产使用等活动的化学物质。例如，我国环境保护部定义的新化学物质是指未列入《中国现有化学物质名录》的化学物质，这些物质首先必须按照法规要求进行申报登记之后，才能在中国进行生产或进口。

我国环境保护部定义的新化学物质是指未列入《中国现有化学物质名录》的化学物质，这些物质首先必须按照法规要求进行申报登记之后，才能在中国进行生产或进口。

67. 什么是新化学物质申报登记制度？

新化学物质申报登记制度是在新化学物质生产和进口前，要求企业进行申报登记，由主管部门筛查和阻止那些具有不合理健康和环境风险的新物质生产（进口）和上市销售，最大限度地预防和控制风险，保护公众健康和环境安全。在国际上，新化学物质申报登记制度被认为是化学品管理领域最具特色的"绿色市场准入"制度。

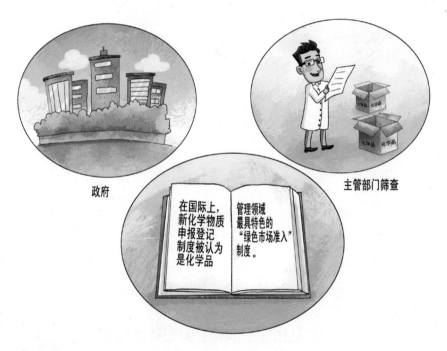

政府　　　　　　　　　　　　　　　　　　　主管部门筛查

在国际上，新化学物质申报登记制度被认为是化学品管理领域最具特色的"绿色市场准入"制度。

68. 什么是化学品分类与标签制度？

化学品分类与标签制度是要求对进入市场的化学品按统一的分类标准进行危险性评估分类，同时对于具有危险性的化学品要在产品包装上张贴标签进行警示，并确保这些警示性信息传递给下游用户。该制度的主要目的是将化学品危险性信息沿着整个"供应链"进行传递与公开，推动化学品风险防范和环境保护。目前，国际上普遍将联合国制定的"全球化学品统一分类和标签制度"（GHS）转化融入本国的化学品管理中。

69. 什么是优先化学品测试与风险评价制度？

"优先化学品"是指由于对人类健康或环境造成或者可能造成严重影响，被主管部门按照规范的筛查程序优选出来以开展进一步行动的化学物质。这些化学物质由于具有可疑的严重危害性，例如致癌性、生殖毒性、PBT 等，但是危害数据并不充分，就必须要求相关生产企业进行测试，向主管部门提交健康和环境数据，并开展这些化学品的风险评价，以实现对优先化学品的针对性分类风险管理。这是优先化学品测试与风险评价制度的核心内容。

70. 什么是化学品重大环境危险源报告制度？

"重大环境危险源"是指长期或临时生产、加工、使用或贮存具有严重危害性的化学品，并且化学品数量等于或超过临界量的设施单元。

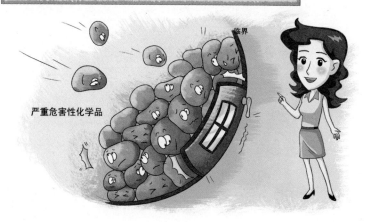

　　"重大环境危险源"是指长期或临时生产、加工、使用或储存具有严重危害性的化学品，并且化学品数量等于或超过临界量的设施单元。化学品重大环境危险源报告制度是指通过制定重大环境危险源标准，对于符合标准的设施单元，要求企业开展重大环境危险源的备案与管理，编制审核各级环境应急预案，建立和完善预警机制和监控体系。

71. 什么是污染物释放与转移登记（PRTR）制度？

　　污染物释放和转移登记（PRTR）制度是指管理部门通过发布特定化学物质清单，对于排放这些化学物质的企业，采取企业强制申报方式，要求企业向主管部门提交释放与转移化学污染物的数量，并由主管部门进行信息公开。PRTR 制度能够让主管部门和社会公众了解环境中化学物质排放情况，实现公众在有毒化学品管理中的知情权和参与权，推动企业减少有毒化学污染物的排放，促进对有毒化学物质环境污染的有效控制。

HUAXUEPIN

化学品 环境管理知识问答
HUANJING GUANLI ZHISHI WENDA

第五部分
我国化学品的环境管理

72. 我国化学品环境管理经历了哪些发展阶段？

　　我国的化学品环境管理工作起步较晚，仍处于不断发展阶段。截至目前大致经历了以下几个阶段：

　　萌芽阶段（1994—2002 年）：以 1994 年《化学品首次进口及有毒化学品进出口环境管理规定》的颁布实施为标志，环境保护部门开始对有毒化学品的进出口实行审批，并以此为依托逐步开展对化学品的环境管理。

　　形成阶段（2003—2010 年）：2003 年，环境保护总局颁布实施《新化学物质环境管理办法》（部令第 17 号），并建立了《中国现有化学物质名录》，化学品环境管理思路逐渐与国际接轨，并于 2008 年设立了化学品管理机构，全面负责全国化学品环境管理工作。2010

年 1 月，环境保护部修订了《新化学物质环境管理办法》，进一步强化了新化学物质环境准入管理相关制度。

发展阶段（2011 年至今）：2011 年 3 月，国务院修订了《危险化学品安全管理条例》，进一步明确了环境保护主管部门在危险化学品环境管理方面的职责；2011 年下半年，环境保护部开展了化学品环境管理专项检查；2013 年 1 月，环境保护部制定出台了《化学品环境风险防控"十二五"规划》。

73. 我国化学品环境管理的主要法律法规有哪些？

目前，在国家法律层面上尚没有专门的化学品环境管理法规。尽管我国已颁布有《危险化学品安全管理条例》《农药管理条例》《化妆品卫生监督条例》等一系列与化学品管理有关的法规，但是从管理目的上来看，这些法规对化学品在生产、使用中对生态环境的影响方面未给予重点关注，还不能算作严格意义上的化学品环境管理法规。

目前，化学品环境管理的主要规章通常是指环境保护部颁布的一些部门规章，包括《有毒化学品进出口环境管理规定》《新化学物质环境管理办法》等。此外，在《中华人民共和国清洁生产促进法》《中华人民共和国环境影响评价法》等国家法律中，也有部分条款涉及化学品环境管理与污染控制方面的相关规定。

74. 我国化学品环境管理的主要制度有哪些？

目前，我国化学品环境管理法律法规正在建设阶段，已建立起的化学品环境管理制度，尽管尚不完善，但对于推动我国化学品环境管理具有重要作用。这些制度主要包括：新化学物质环境管理登记制度、新化学物质风险评估制度、有毒化学品进出口环境管理登记制度等。

75. 我国批准的化学品环境管理国际公约有哪些？

我国加入的化学品环境管理国际公约主要包括《关于持久性有机污染物的斯德哥尔摩公约》（简称斯德哥尔摩公约）、《关于在国际贸易中对某些危险化学品和农药采用事先知情同意程序的鹿特丹公约》（简称鹿特丹公约）、《关于汞的水俣公约》（简称水俣公约）以及《关于消耗臭氧层的物质的蒙特利尔议定书》等。

76. 哪个部门具体负责我国化学品环境管理工作？

化学品生产使用造成的环境问题由环境保护主管部门负责管理。2008 年，环境保护部在污染防治司下增设"化学品环境管理处"。

化学品生产使用造成的环境问题由环境保护主管部门负责管理。2008年，环境保护部在污染防治司下增设"化学品环境管理处"（2016年被调整到土壤环境管理司），负责拟订固体废物管理政策、规划、法律、行政法规、部门规章、标准、规范、目录；组织开展危险废物经营许可及出口核准、固体废物进口许可，以及危险废物、医疗废物及电子等工业产品废物申报登记；监督电子废物、污泥等再生资源回收利用污染防治；承担相关国际公约国内履约工作。

77. 新化学物质环境管理登记制度在我国是哪年建立的？

2003年，环境保护总局颁布实施《新化学物质环境管理办法》（部令第17号），建立了我国的新化学物质环境管理登记制度。2010年1月，环境保护部为完善化学品管理，对《新化学物质环境管理办法》进行了修订。该制度要求生产或进口未列入《中国现有化学物质名录》中化学物质的企业，必须在生产前或者进口前向环境保护主管部门进行申报，领取

新化学物质环境管理登记证。未取得登记证的新化学物质，禁止在国内生产、进口和加工使用。

78. 我国有毒化学品进出口环境管理登记制度的核心内容是什么？

> 进口和出口列入《中国严格限制进出口的有毒化学品目录》中化学品的经营企业，必须向环境保护主管部门提交进口或出口登记申请。

有毒化学品进出口环境管理登记制度的核心内容是要求进口和出口列入《中国严格限制进出口的有毒化学品目录》（以下简称《目录》）中化学品的经营企业，必须向环境保护主管部门提交进口或出口登记申请，对于符合规定的，准予其进口或出口。该项制度规定，国内进口商从国外进口目录中有毒化学品，凭合同所涉外商办理的有毒化学品进口环境管理登记证，办理《有毒化学品进（出）口环境管理放行通知单》；国内出口商向国外出口目录中有毒化学品，须办理《有毒化学品进（出）口环境管理放行通知单》。

79. 我国危险化学品管理的职责分工是怎样的？

2011 年，国务院修订并颁布实施《危险化学品安全管理条例》（国务院第 591 号令），明确规定了各个部门在危险化学品管理中应履行的职责：

（1）安全生产监督管理部门负责危险化学品安全监督管理综合工作，组织确定、公布、调整危险化学品目录，对新建、改建、扩建生产、储存危险化学品（包括使用长输管道输送危险化学品，下同）的建设项目进行安全条件审查，核发危险化学品安全生产许可证、危险化学品安全使用许可证和危险化学品经营许可证，并负责危险化学品登记工作。

（2）公安机关负责危险化学品的公共安全管理，核发剧毒化学品购买许可证、剧毒化学品道路运输通行证，并负责危险化学品运输车辆的道路交通安全管理。

（3）质量监督检验检疫部门负责核发危险化学品及其包装物、容器（不包括储存危险化学品的固定式大型储罐，下同）生产企业的工业产品生产许可证，并依法对其产品质量实施监督，负责对进出口危险化学品及其包装实施检验。

（4）环境保护主管部门负责废弃危险化学品处置的监督管理，组织危险化学品的环境危害性鉴定和环境风险程度评估，确定实施重点环境管理的危险化学品，负责危险化学品环境管理登记和新化学物质环境管理登记；依照职责分工调查相关危险化学品环境污染事故和生态破坏事件，负责危险化学品事故现场的应急环境监测。

（5）交通运输主管部门负责危险化学品道路运输、水路运输的许可以及运输工具的安全管理，对危险化学品水路运输安全实施监督，负责危险化学品道路运输企业、水路运输企业驾驶人员、船员、装卸管理人员、押运人员、申报人员、集装箱装箱现场检查员的资格认定。铁路主管部门负责危险化学品铁路运输的安全管理，负责危险化学品铁路运输承运人、托运人的资质审批及其运输工具的安全管理。民用航空主管部门负责危险化学品航空运输以及航空运输企业及其运输工具的安全管理。

（6）卫生主管部门负责危险化学品毒性鉴定的管理，负责组织、协调危险化学品事故受伤人员的医疗卫生救援工作。

（7）工商行政管理部门依据有关部门的许可证件，核发危险化学品生产、储存、经营、运输企业营业执照，查处危险化学品经营企业违法采购危险化学品的行为。

（8）邮政管理部门负责依法查处寄递危险化学品的行为。

80. 我国化学品环境管理重点防控的行业主要有

哪些？

我国《化学品环境风险防控"十二五"规划》提出的化学品环境管理重点防控的行业主要有：(1) 石油加工、炼焦及核燃料加工业；(2) 化学原料及化学制品制造业；(3) 医药制造业；(4) 化学纤维制造业；(5) 纺织业；(6) 有色金属冶炼和压延加工业；(7) 煤制油、煤制天然气、煤制烯烃、煤制二甲醚、煤制乙二醇等新型煤化工产业。

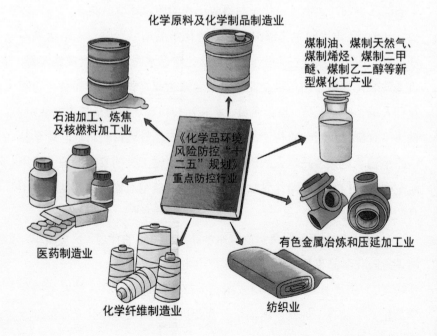

化学原料及化学制品制造业

煤制油、煤制天然气、煤制烯烃、煤制二甲醚、煤制乙二醇等新型煤化工产业

石油加工、炼焦及核燃料加工业

《化学品环境风险防控"十二五"规划》重点防控行业

有色金属冶炼和压延加工业

医药制造业

化学纤维制造业

纺织业

81. 我国的排污申报制度与化学污染物释放和转移登记（PRTR）制度有什么不同？

（1）管理目的不同

排污申报登记制度是我国环境保护主管部门收集和掌握辖区内企业排污情况与污染状况的一种管理手段，目的在于为每年的排污收费、环境统计、污染物总量控制等环境管理工作提供基础数据，为当地人民政府和环境保护部门监督管理提供依据。

PRTR 制度是对企业特定化学物质环境释放与转移数量进行登记管理，主要目的在于通过信息收集与信息公开，实现化学品环境管理中的公众知情权、监督权，促进企业自主开展削减排放活动，同时也为主管部门制定更具针对性管控措施提供依据。

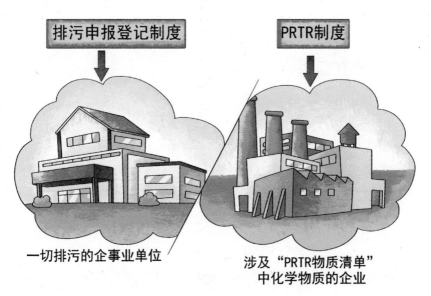

排污申报登记制度 —— 一切排污的企事业单位

PRTR制度 —— 涉及"PRTR物质清单"中化学物质的企业

（2）申报物质对象不同

排污申报登记制度申报物质对象主要是企业的污染物、噪声和固体废物，其中污染物仅限于国家实行排放总量控制的 12 种污染物及水中的酚类物质。不同地区在此基础上还有本地区的特殊规定。

PRTR 制度通常会根据化学物质的危害性、环境存在状况等，筛选具有较高环境与人体健康危害的化学物质来建立"PRTR 物质清单"（如美国的 TRI 名单，包含 600 多种化学物质；日本的 PRTR 清单，包含 462 种化学物质等）。所有这些化学物质，都是 PRTR 制度的申报物质对象。

（3）管理的企业范围不同

排污申报登记制度针对的是一切排污的企事业单位；而 PRTR 制度通常针对涉及"PRTR 物质清单"中化学物质的企业。

82. 我国化学品环境管理中涉及的主要环境保护标准有哪些？

我国化学品环境管理中涉及的比较重要的环境保护标准包括：（1）相关技术导则，例如《化学品测试导则》（HJ/T 153—2004）、《新化学物质危害评估导则》（HJ/T 154—2004）、《化学品测试合格实验室导则》（HJ/T 155—2004）等；（2）环境监测方法标准，例如《水质　氯苯类化合物的测定　气相色谱法》（HJ 621—2011）、《大气固定污染源　苯胺类的测定　气相色谱法》（HJ/T 68—2001）、《土壤和沉积物　挥发性有机物的测定　吹扫捕集/气相色谱-质谱法》（HJ 605—2011）等。

此外，在环境质量标准、污染物排放标准等各类环境保护标准中，也或多或少的涉及化学品指标，例如在《环境空气质量标准》（GB 3095—2012）中设定了苯并 [a] 芘等化学品的浓度限值，在《纺织染整工业水污染物排放标准》（GB 4287—2012）、《炼焦化学工业污染物排放标准》（GB 16171—2012）等排放标准中设定了行业特征化学污染物的排放限值。

83. 什么是化学品风险管理？

化学品风险管理是一个科学化的行政决策过程，是在对化学品开展风险评价的基础上，充分考虑政治、社会、经济和技术等各方面因素，采取科学的管理方法和手段，将化学品在生产、使用、运输、贮存、废弃等过程中对人类健康或生态环境的风险水平将至最低。

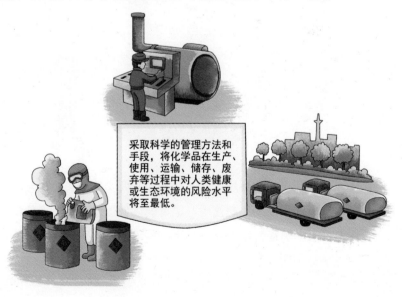

采取科学的管理方法和手段，将化学品在生产、使用、运输、储存、废弃等过程中对人类健康或生态环境的风险水平将至最低。

84. 如何控制化学品的环境风险？

化学品环境风险是生产使用化学品过程中对人类社会及生态环境产生危害的后果及其概率。化学品环境风险是化学品本身固有的毒性和环境暴露共同作用而产生的，即：化学品风险＝毒性 × 环境暴露。如果一种具有较高急性毒性的化学品（如氰化钠）在生产使用过程中得到很好的管理，例如全程密闭操作、密闭储存、废物合理处置等，最大限度地减少这种化学品的环境排放量，那么这种化学品的环境风险也是相对较低的。

因此，控制化学品的环境风险，一方面需要实施源头控制与清洁生产，减少有毒化学品的生产使用，尽可能以低毒或无毒化学品替代有毒化学品；另一方面，要在化学品生产使用过程中采取有效措施，减少化学品的环境排放量，最大限度地降低人体接触水平和环境介质残留水平。

85. 什么是化学品风险评价？

　　化学品风险评价是基于科学数据，对某种化学品可能对人体健康和生态环境产生的有害影响和风险存在的形式、特征、概率等进行的评估。化学品风险评价过程通常包括危害鉴别、影响评估、暴露评估和风险表征四个主要阶段。此外，通常将风险分类、风险效益分析、风险降低等风险管理过程也作为化学品风险评价过程中的内容。

化学品风险评价是基于科学数据，对某种化学品可能对人体健康和生态环境产生的有害影响和风险存在的形式、特征、概率等进行的评估。

86. 什么是化学品的危害评估？

　　化学品危害评估是对暴露于化学品后产生健康影响、生态破坏等不良影响的定性或定量评价，主要包括危害识别和影响评估两方面。危害识别是指对化学品固有的危害特性进行判别；影响评估也叫剂量—效应评估，是指对化学品环境暴露水平与人体健康效应、生态毒理效应之间定量关系的科学评估。

化学品危害评估是风险评价的第一阶段，主要目的是判断在一定条件下，暴露于某种化学品是否会对人体健康和生态环境产生危害、产生危害的类型以及定量确定化学品环境暴露的安全水平或剂量。

87. 什么是化学品的暴露评估？

化学品暴露评估是对化学品在生产使用过程中的环境排放量、排放途径、迁移转化以及降解情况进行评估，以获得对人类社会或生态环境可能产生暴露的浓度或剂量。包括人类在内的所有生物，都会通过大气、水、土壤等环境介质暴露于化学品，通过采用环境监测或模型估算可以对化学品的环境暴露状况进行评估。

88. 什么是化学品生态风险评估？

化学品生态风险评估是指在化学品生产使用造成环境暴露后，可能对动物、植物等生物个体、种群和生态系统产生不利生态影响进行评估的过程。

化学品生态风险评估是指在化学品生产使用造成环境暴露后，可能对动物、植物等生物个体、种群和生态系统产生不利生态影响进行评估的过程。生态风险的受体包含生态系统的各个等级水平，例如个体、种群、群落、生态系统、景观以及区域等。通过对这些受体生态风险的综合评估，最终获得化学品环境暴露对生态环境存在的风险水平。

89. 什么是化学品健康风险评估？

化学品健康风险评估主要关注化学品环境暴露对人类健康产生的影响，是通过化学品对人体不良影响发生概率的估算，评价暴露于化学品的个体健康受到影响的风险水平。健康风险评估过程中的每一步都存在许多影响因素，造成一定的不确定性。化学品特性、人体危害类型、产生危害的概率与浓度水平、暴露人群特征、化学品暴露途径和时间等因素，都是健康风险评价过程中必须要解决的关键内容。

HUAXUEPIN

HUANJING GUANLI ZHISHI WENDA

化学品 环境管理知识问答

第六部分
社会责任和公众参与

90. 化学品环境管理跟谁有关？

化学品环境管理涉及政府、企业、公众、科研机构、非政府组织等所有利益相关方。

化学品环境管理涉及政府、企业、公众、科研机构、非政府组织等所有利益相关方。

在化学品环境管理中，政府负有管理责任，制定化学品环境管理法规政策并依法加强监管，向公众普及化学品环境管理知识，提高公众化学品环境风险防范意识。化学品企业是造成化学品环境和健康问题的首要责任者，应当落实化学品环境安全主体责任，主动提供化学品风险信息并采取有效措施降低化学品环境风险。社会公众应积极主动了解身边化学品的危害特性及风险防范知识，增强化学品环境风险防意识，正确使用和处理各种化学品，减少化学品对环境的危害，并积极主动参与化学品环境管理工作。科研机构应做好化学品环境风险管理与防控的科技研究工作，为化学品环境管理提供更好的技术支持；非政府组织应围绕化学品风险管理积极建言献策，监督化学品环境管理法律、法规的执行情况。

91. 政府在化学品环境管理中的职责有哪些？

主要体现在以下四个方面：

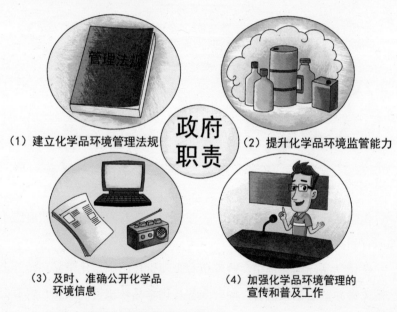

（1）建立化学品环境管理法规　　（2）提升化学品环境监管能力

（3）及时、准确公开化学品环境信息　　（4）加强化学品环境管理的宣传和普及工作

（1）建立化学品环境管理法规

政府应科学拟订化学品环境管理的规划、政策、法律、法规、规章、标准、规范、目录并监督实施，规范各方行为，推进化学品登记管理制度和全生命周期管理。

（2）提升化学品环境监管能力

加强基础能力建设，提高国家和地方政府化学品环境管理能力，加强化学品环境管理登记、危害识别、风险管理、监督检查、业务培训、信息交流和宣传教育等工作。

（3）及时、准确公开化学品环境信息

依法通过政府网站、公报、新闻发布会以及报刊、广播、电视等便于公众知晓的方式向社会主动公开化学品环境信息，维护公民、法人和其他组织获取环境信息的权益，推动公众参与化学品环境管理工作。

（4）加强化学品环境管理的宣传和普及工作

政府应积极开展化学品环境管理法律、法规、制度的宣传贯彻工作。一是加强企业环境安全宣传教育，通过讲座、座谈、印发宣传册等方式加强对化学品环境风险管理、环境应急预案、环境应急处置等法律法规的宣传与普及；二是加强对公众的宣传力度，普及化学品环境风险防控基础知识和相关环境保护法规和制度，树立对化学品危害特性和环境风险防控知识的正确观念，提高全民风险防范意识。

92. 企业如何履行化学品环境管理中的主体责任？

（1）严格遵守化学品环境管理法规制度

化学品企业应严格遵守各项化学品环境管理法律、法规制度及相关标准，如新化学物质申报登记制度。

（2）优先采用清洁生产技术

化学品企业应当优先使用危害性小的化学品，采用资源利用率高、化学污染物排放量少的工艺、设备以及废弃物综合利用技术和污染物无害化处理技术，减少化学污染物的产生。

（3）建立企业化学品环境管理制度

化学品企业应建立化学品环境风险管理制度，建立化学品环境管理台账和信息档案，编制突发环境事件应急预案，预防和减少突发环境事件。

93. 公众如何参与到化学品环境管理中？

（1）依法举报违反化学品管理法规的行为

根据《危险化学品安全管理条例》《新化学物质环境管理办法》等，任何单位和个人有权对违反上述法规的行为进行举报。

（2）主动报告发现的无主危险化学品

根据《危险化学品安全管理条例》，公众发现、捡拾的无主危险化学品，应当主动向当地公安机关报告并由其处理。

（3）参与化学品相关的规划和建设项目环境影响评价

根据《中华人民共和国环境影响评价法》规定，公众可以参加各类项目建设单位举行的论证会、听证会，充分对建设项目可能造成的环境影响发表意见。

（4）参与化学品管理法规、标准的制定工作

按照法律规定，有关部门在制定化学品法律、法规、标准过程中，应向社会公众征求意见，此时社会公众可充分发表意见，参与化学品管理法规、标准的制定工作。

94. 学校和科研机构在化学品环境管理中应发挥哪些作用？

学校主要从事化学品环境管理的教育工作，应在中小学以多种多样的形式向师生普及化学品危害及风险防范知识，增强师生的化学品环境风险防范意识；在高校应开设化学品环境管理专业课程，培养风险管理的专业人才。

科研机构主要从事化学品环境管理的科技研究工作，研究化学品危害性识别、风险评估、环境风险控制措施、有毒化学品的替代等各类技术，同时还可以向有需求的化学品企业提供技术服务，为管理部门出台管理措施提供科学数据和决策依据。

95. 社会团体在化学品环境管理中应发挥哪些 作用？

公益组织依靠其在化学品环境管理方面的专业知识，一方面可以向公众普及有关化学品的危害、风险及环境管理知识、提高公众环保意识；另一方面可以向政府反映社会公众关心的化学品环境管理问题，积极建言献策，监督化学品环境管理法律法规的执行。

学会、行业协会、公益组织等各类社会团体，也是化学品环境管理的重要力量。学会可组织有关化学环境管理及技术研究工作者，促进专业人才的成长，提高全社会在化学品认识和风险防范方面的科学素养，促进我国化学品环境管理工作的不断进步。

行业协会应积极发挥桥梁和纽带作用，利用其影响力和号召力，推进本行业的化学品环境风险防控工作，例如向行业内企业宣贯化学品环境管理法规知识，介绍国内外化学品管控形势与贸易要求，推广绿色先进工艺技术，向政府集中反馈行业内的主要化学品环境管理问题与建议。

公益组织依靠其在化学品环境管理方面的专业知识，一方面可以向公众普及有关化学品的危害、风险及环境管理知识、提高公众环保意识；另一方面可以向政府反映社会公众关心的化学品环境管理问题，积极建言献策，监督化学品环境管理法律法规的执行。

96. 如何获取化学品的危害信息？

（1）查阅相关文献、工具书

公众可查阅相关文献、工具书获取化学品危害信息。通常比较方便的是通过互联网查询一些权威的在线数据库，例如"国际化学品安全卡"（中文网址：http://icsc.brici.ac.cn/）、美国"危险物质数据库"（网址：http://toxnet.nlm.nih.gov/cgi-bin/sis/htmlgen?HSDB）等。

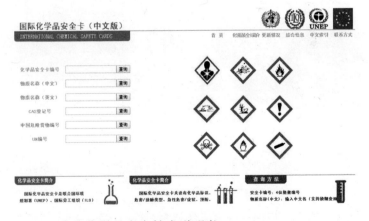

（2）索取化学品安全技术说明书

化学品安全技术说明书（MSDS）的内容涉及化学物质及其制品的有关安全、健康和环境保护方面的各种信息，并能提供有关化学品

的基本知识、防护措施和应急行动等方面的资料。安全技术说明书由化学品生产供应企业编印，在交付商品时提供给用户，化学品的用户在接收使用化学品时，要认真阅读技术说明书，了解和掌握化学品的危险性及防护措施。

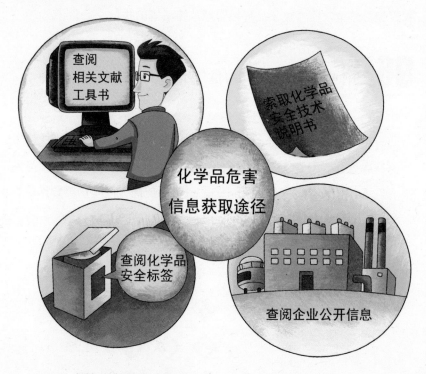

（3）查阅化学品安全标签

化学品安全标签是用于标示化学品所具有的危险性和安全注意事项的一组文字、象形图和编码组合，它可粘贴、拴挂或喷印在化学品的外包装或容器上。根据《危险化学品安全管理条例》规定，危险化学品生产企业应在危险化学品包装（包括外包装件）上粘贴或者拴挂与包装内危险化学品相符的化学品安全标签。

（4）查阅企业公开信息

企事业单位有义务向社会公开其环境信息，公众可以通过企业自主公开的信息获取相关化学品方面的信息。

97. 在生活中如何防范化学品的危害？

在购买日常使用的化学品或含有化学品的产品时，应购买正规厂家生产的产品，并认真阅读标签或使用说明书中有关存放和合理使用的内容。

（1）通过正规渠道购买合格的化学产品

在购买日常使用的化学品或含有化学品的产品时，应购买正规厂家生产的产品，并认真阅读标签或使用说明书中有关存放和合理使用的内容。

（2）正确存放化学品

严格按照说明书要求的条件存放化学品，如应避免阳光直射、远离火种、避免未成年人接触等要求。家庭常用的药品、杀虫剂、消毒剂、油漆等应存放在儿童无法接触到的地方。

（3）科学、合理使用化学品

公众在日常生活中应合理使用各种化学品，例如很多农药虽然对人类是有害的，但是若合理地使用，则可以在发挥其作用的同时不会伤害到人类。

（4）安全处置废弃化学品

对于废弃不用的化学品或含有化学品的日用品应妥善处置，如油漆、农药、水银温度计、水银血压计等，在不用或损坏后不要随意丢弃。

（5）依法携带化学品

我国相关法规对乘坐公共交通工具时乘客如何携带化学品都有具体要求，我们在乘坐公共交通工具时应严格遵守有关规定，例如不携带禁止携带的化学品，不携带超量的化学品。

98. 遇到化学品事故时该如何应对？

在遇到危险化学品事故时，不要围观，应立即向上风向撤离并报警，撤离的同时可用衣物、纸巾等物品捂住口鼻（有条件的可吸水后捂住口鼻）。身体如果接触到化学品，应迅速脱掉衣物，用水冲洗身体接触到的部位，并及时就医。在家中获知附近发生危险化学品事故时，应紧闭门窗避免受污染的空气进入，并及时了解政府发布的信息，需要撤离时应配合政府安排有序撤离。

HUAXUEPIN

HUANJING GUANLI ZHISHI WENDA

化学品 环境管理知识问答

第七部分
化学品与生活

99. 《寂静的春天》告诉了我们什么？

《寂静的春天》是 1962 年出版的一本引发了全世界开展环境保护事业的名著，被公认是 20 世纪最具影响力的书籍之一，作者是美国海洋生物学家蕾切尔·卡逊（Rachel Carson）。

蕾切尔·卡逊在《寂静的春天》一书中使用通俗浅显的术语，抒情散文的笔调，着重讲述了农药，特别是杀虫剂对环境的污染问题。在书中，蕾切尔·卡逊告诉人们，由于 DDT 等杀虫剂的滥用，破坏了从浮游生物—鱼类—鸟类直至人类的生物链，使人患上慢性白血球增多症和各种癌症，描述了人类可能将面临一个没有鸟、蜜蜂和蝴蝶的世界。她在书中还告诉人们：人工合成的化学物质在人们（包括新生儿）体内大量聚集，这些化学物质与人体内的细胞相互作用危害着人们的健康。卡逊写道："这是史无前例的：从出生到死亡，如今每个人都不得不经受化学物质的残害……"

蕾切尔·卡逊在《寂静的春天》中提出的观点超越了时间与空间，它那惊世骇俗的关于农药与合成化学品危害环境与人类健康的预言，强烈震撼了社会广大民众。《寂静的春天》出版10年后，美国政府立法禁止使用DDT。随着《寂静的春天》与它所发出的呼声在公众和立法者中形成共识，推动了现代美国乃至全世界的环保运动，并且通过了一系列具有里程碑意义的防治污染法规。在《寂静的春天》出版数十年后，卡逊在书中所提到的大多数化学物质已被《斯德哥尔摩公约》明令禁止在全球使用。《寂静的春天》的结论是严峻的，它就像旷野中的一声呐喊，在全世界引起极大的震荡，为人类化学品环境管理发出了起跑信号。

100. 为什么会出现"谈化色变"现象？

近年来不断发生的各种食品安全和环境污染事件，如我们熟知的"毒大米""增塑剂""PX项目"等事件，都是由于涉及重金属镉、白蜡油、邻苯二甲酸酯、二甲苯等化学品，在社会上引起了不同程度的反响，很多人也因此"谈化色变"。这主要是由于化学品种类繁多，人们对化学品的环境和健康风险认识不足，而我国对化学品的环境管理起步较晚，化学品企业责任意识淡薄，化学品信息公开和风险交流机制不健全，频发的化学品污染事故让公众对企业尤其是化工企业产生恐惧心理。

101. 如何正确认识化学品？

随着社会经济的发展，化学品被应用到各行各业中，仅在日常生活中，我们每人几乎时刻都在通过各种途径接触各种不同的化学品，可以说化学品已经成为我们生产、生活不可或缺的一部分了。

随着社会经济的发展，化学品被应用到各行各业中，仅在日常生活中，我们每人几乎时刻都在通过各种途径接触各种不同的化学品，可以说化学品已经成为我们生产、生活不可或缺的一部分了。另外，我们也会通过各种方式了解到有些化学品具有易燃、易爆，甚至致癌等危害特性。我们没必要"谈化色变"，并非只要是有毒有害的化学品就一定会对环境和人体健康造成危害，而是只有当这些有毒化学品在我们周边环境中存在的浓度达到一定程度的时候，才有可能对环境或人体产生危害。

102. 为什么说化学品是一把"双刃剑"？

化学品不仅能够改善我们的生活，也会给我们的生态环境和健康带来难以估量的灾难后果，所以说它是一把"双刃剑"。

　　化学品的生产和使用极大地丰富了人类的物质生活，为现代文明提供了强大的物质基础，保障人类的生存并不断提高人类的生活质量。例如，在农业生产中广泛使用的氮肥、磷肥、除草剂等化肥和农药，就增加了粮食产量，保障了庞大人口的生存的基本需求；从青霉素的发现到如今医生处方中的各种合成药物，化学品抑制了细菌和病毒，捍卫了人体健康；随着化学的发展和技术的进步，化学品又不断转化为各种新能源、新材料，改善了人类的生存条件。另外，化学品在自然资源的综合利用和环境保护等领域发挥着重要的作用。

　　在服务于人类社会的同时，化学品固有的危害性也给人类带来了严重的环境和健康威胁，这已成为国际社会、各国政府和社会公众普遍关注的焦点。目前，全球已有超过 1 亿种化学物质，市场上存在的化学品也超过 10 万种，这些化学品在生产、运输、使用、废弃等环节中难免会因各种原因释放进入环境，形成环境污染和生态破坏，最终对人体健康造成危害。大量有毒化学品的误用、滥用，造成人体中毒事故、环境污染事故频发，更可怕的是许多持久性有毒化学品、三致毒性化学品、内分泌干扰物等，对人体健康和生态环境的危害是慢性的、长期的，不仅影响当代人，还对后代具有严重威胁。

　　因此，化学品不仅能够改善我们的生活，也会给我们的生态环境和健康带来难以估量的灾难后果，所以说它是一把"双刃剑"，这就需要我们搞清楚各种化学品的危害性，以便更加安全地生产和使用它们，而不被它们可怕的锋芒伤到。

103. 为什么有人说有毒化学品是"关在笼子里的猛兽"?

　　有些化学品在服务于我们人类社会的同时也给环境和人类健康带来了严重的危害。例如 DDT 是一种高效杀虫剂,其发明者也因此获得诺贝尔奖。但是 DDT 具有极高的水环境毒性,同时具有人体致癌性,在生物体内不易降解。因此,将 DDT 描述成一只"猛兽"一点都不为过。蕾切尔·卡逊在《寂静的春天》中就描述了杀虫剂的不当使用对生态环境的严重破坏后果,她写道"春天到了,静悄悄的,没有鸟语,没有花香,到处死一样的沉寂……",在这本书中,她就着重抨击了 DDT 这种当时农业生产中被广泛使用的杀虫剂的危害。化学品在为人类作出贡献的同时,又像一群凶猛的动物,会对人类和环境造成伤害。为此，各国都在制定相关法律、法规或制度，对化学品进行严格监管，将这只"野兽"关在化学品监管这一"笼子"里，使其在服务于我们时，最大限度地降低对人类和环境的危害。

104. 衣食住行中有哪些常见的化学品？

在我们生活的各个角落里都有化学品的身影，可以说，我们的衣食住行都离不开化学品。它们当中有些显而易见，有些则难觅其踪，下面我们分别举例说明一下。

当你拆开快递包裹，查看新买来外套上的洗涤标签时，通常会在上面发现涤纶、腈纶等字样，它们就是化学纤维（化纤）。随着石油化工的发展，我们的衣柜当中出现了越来越多的化纤材质的衣物。化纤因其独特的结构，具有比天然纤维更强的弹性和强度、耐磨性和耐热性，是相当稳定的化学品，将它们加工成面料、制成衣物，可以为我们遮风挡雨、防暑避寒。

当你做一盘西红柿炒鸡蛋时，临出锅了你总不会忘记再加勺盐，让这道菜更加鲜美，对了，盐（氯化钠），还有它隔壁的味精（谷氨酸钠）也都是化学品。还有出现在罐头盒上的山梨酸钾、口香糖瓶子上的木糖醇、食品包装袋上的乙二胺四乙酸铁钠等各种你了解或不了解的食品添加剂也都是化学品。这些化学品有的可改善食物的色、香、味品质，有的则可使食物贮存更长时间，让我们的一日三餐有了更多选择，也更加安全便利。

当你装修新房时，一定首先特别在意选购的涂料是否含有甲醛，但涂料中的其他成分也许你就不那么关注了，比如颜料、成膜助剂、稳定剂、溶剂等，其实这些成分也都是化学品，有了它们，你才可以随心所欲地组合搭配，把新房粉刷的温馨宜人，我们的生活也会更加色彩斑斓。

当你坐上飞机归心似箭时，你应该感谢是一种叫航空煤油的化学品，是它驱动飞机把你送回家的；当你打开喷水器清洁挡风玻璃时，喷出的玻璃水也是化学品；还有汽车、火车、飞机、轮船都要使用的各种润滑油，都是化学品。可以说，是化学品驱动着各种交通工具，载着我们去远行。

105. 服装中的化学品残留会有危害吗？

为了适应不同的场合，我们需要穿着相应的服装：黑色的西装、红色的礼服、橘色的冲锋衣、蓝色的游泳裤……这些颜色是从哪里来的呢？那就是各种染料。

最近几年屡屡出现的名牌服装被检出化学品残留超标事件，引起了人们的高度重视。

　　在面料被制成衣物之前，它们要被染上不同的颜色，这就需要染料。染料是能使纤维和其他材料着色的物质，分天然和合成两大类。染料是有颜色的物质，但有颜色的物质并不一定都是染料。染料是能够使一定颜色附着在纤维上的物质，且不易脱落、变色。染料通常溶于水中，一部分的染料需要媒染剂才能使其能黏着于纤维上，而它们会慢慢脱落，其中有毒的部分，如能释放出致癌芳香胺的偶氮染料，会危害人体健康。随着服装设计的变革，一些复杂的图案一般是被直接印制在衣物上，而带有胶印图案的服饰往往是 T 恤衫等贴身衣物。另外，诸如合成纤维等一些新材料也越来越多地替代传统纤维成为服装面料，增加了服装中化学品残留的风险。

　　最近几年屡屡出现的名牌服装被检出化学品残留超标事件，引起了人们的高度重视。那么服装中有哪些化学品残留呢？一项调查发现，全球有 20 个时尚服饰品牌的服装被检出壬基酚聚氧乙烯醚（NPE）

环境激素类物质和邻苯二甲酸酯塑化剂，它们是服装中化学品残留的典型代表。

壬基酚聚氧乙烯醚广泛用于纺织行业的印染和水洗环节，被排放到环境中会迅速分解成毒性更强的环境激素壬基酚，可能干扰内分泌系统并影响生殖系统。邻苯二甲酸酯作为一种塑化剂，被广泛用于胶印过程中，它可以通过手、口的接触而进入人体，具有生殖毒性，可导致精子数量减少和雌性的不孕不育，对儿童和孕期妇女的威胁尤其值得重视。

除壬基酚聚氧乙烯醚和邻苯二甲酸酯外，全氟化合物（PFCs）、棉花生产过程中的农药残留等也都是服装中不可忽视的有害化品残留。

106. 服装干洗可能会有哪些危害？

随着生活水平的不断提高，人们的着装档次也随之提高，衣橱里的高档时装越来越多，衣物的干洗率也越来越高。干洗具有防止衣物变形、缩水、起皱等优点。近年来，我国的干洗业得到迅猛发展，干洗店不仅走进了许多城市的居民小区，有些家庭还使用一些家用干洗剂去除衣物上的油渍。但是，干洗衣物对人体健康的危害却未引起人们足够的重视。衣物干洗时产生的污染主要来自有机溶剂的挥发，用于衣物干洗的溶剂主要是四氯乙烯（PCE），目前我国90%的干洗店都在使用这种溶剂。由于在使用过程中不能充分地回收PCE，致使部分PCE在洗涤过程释放出来，排放到环境中去。

干洗后的衣物中会有一定量的四氯乙烯（PCE）残留，因此，我们从干洗店拿到干洗后的衣物后，最好将其挂在通风处存放一段时间后再使用。

　　PCE 是一种挥发性很强的去脂有机溶剂，微溶于水，易溶于乙醚、乙醇等有机溶剂。在紫外线的照射下，可产生光气，同时在与水接触时，可缓慢分解成三氯乙酸、氯化氢等。经常接触 PCE 会引起头昏、头痛、眼花、恶心和呕吐等多种症状，急性吸入会表现出眼、鼻、喉、咽刺激性症状，较长时间的暴露可能引起中枢神经系统、肝和肾损伤。有报道表明，儿童对干洗剂中的高氯化物尤为敏感。另外，干洗剂对男性性功能的影响也已得到了证实。关于 PCE 的致癌作用，国际癌症研究机构认为，PCE 合理预计是人类致癌物。

　　干洗后的衣物中会有一定量的 PCE 残留，因此，我们从干洗店拿到干洗后的衣物后，最好将其挂在通风处存放一段时间后再使用。

107. 蔬菜中残留的农药有危害吗？

根据我国《食品安全法》规定，农药残留、兽药残留限量标准由卫生部、农业部负责制定、公布，目前现行的国家标准是《食品中农药最大残留限量》（GB 2763—2014）。

我国主要采取两大措施来保障农产品的安全：一是通过科学的评估，制定政策逐步淘汰使用高度农药，转而生产和推广低毒替代农药；二是制定更加严格的农药残留标准，并依法加强监管。目前，农业部针对全国各省 144 个大中城市的农产品质量安全状况和水平每年会开展 4 次例行监测，监测结果表明，近几年农产品合格率都稳定在 96% 以上，这说明我国农产品质量安全状况总体上是稳定可靠的。同时，每年还安排质量状况普查，开展风险监测，目的是从监测过程中发现那些隐患比较高的污染物。建议消费者从正规渠道购买蔬菜。

108. 食品添加剂有危害吗？

对于很多人来说，食品添加剂是一个既熟悉又陌生的词语。说它熟悉，是因为它在我们的生活中随处可见。例如，在购买食品的时候，我们总是能在食品的外包装上见到"食品添加剂"这一栏，上面印刷着一些很专业的词汇。说它陌生，是因为普通消费者不会有机会接触到未添加到他们所购买的食品中的食品添加剂，如增稠剂、色素，还有更专业的名词，如安赛蜜、阿斯巴甜和糖精、亚硝酸钠和高果糖玉米糖浆等。另外，还有一些所谓的"食品添加剂"非常出名，例如臭名昭著的苏丹红、三聚氰胺等，但其实它们根本就不是什么食品添加剂，而是不良商贩违法添加的物质，却导致人们对食品添加剂产生抵触。

臭名昭著的苏丹红、三聚氰胺等，但其实它们根本就不是什么食品添加剂，而是不良商贩违法添加的物质。

　　人们长期食用含食品添加剂的食物不会中毒，这是因为每种食品添加剂的用量都有其安全剂量限值的。这些限量标准一般是经动物实验测试得来的，并且为了安全起见，人类安全剂量一般是动物安全剂量的1%甚至更低，以保证这个安全剂量限值不能够被轻易达到。也就是说，即使一次大量摄入含有某种食品添加剂的食物，也是无法在体内累积达到有害剂量的。因此，只要不超过安全剂量限值使用食品添加剂，是不会对人体健康造成威胁的。

　　另外，还有很多食品添加剂是没有使用限量的，这是因为它们的安全性非常高。还有一些添加剂如瓜尔胶、黄原胶、果胶、卡拉胶、抗凝血剂等，它们本身都是天然物质，不会对人体造成伤害，而且其成本往往较高，实际使用量非常小。另外，有些添加剂如甜味剂阿斯巴甜、甜菊糖苷、甜蜜素，增味剂呈味核苷酸、谷氨酸钠等，实际的添加量都是很低的，若使用量太大反而会影响口味，得不偿失。

因此，只要消费者购买正规厂家生产的食品，都不会因为其中含有的食品添加剂而对健康造成任何伤害，可以放心食用。另外需注意不要购买标识混乱、来源不明的食品。

109. 为什么说"是药三分毒"？

"是药三分毒"是我们常听到的一句话，提醒我们要谨慎用药，尤其不能自己给自己乱开药。那么为什么说"是药三分毒"呢？我们可以从三个方面来理解药品的"三分毒"：

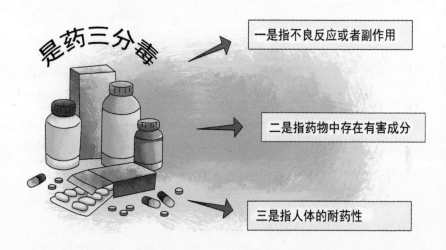

是药三分毒

一是指不良反应或者副作用

二是指药物中存在有害成分

三是指人体的耐药性

一是指不良反应或者副作用。西药多为化学合成药、生物药，其药理作用通常是作用于体内的靶细胞、组织等，从而对机体的代谢产生影响。如有些药虽然可以加速体内物质通过泌尿系统排出的速度，但同时根据这个药品的作用机制，也可能加大肾脏的负荷，也可能对肾脏有害。因此，药物除了对病原细胞代谢产生影响外，对正常细胞代谢也或多或少有影响。严重的就有可能产生不良反应或者副作用，副作用是指与主要作用同时产生的继发效应，这种效应不一定是相反的效应，但通常是不必要的或毒性效应，即除治疗以外的作用。

二是指药物中存在有害成分。无论中药还是西药，除了可以治病的化学成分，其中也包括其他没有治疗作用的无效成分，甚至是有害的化学成分。无效和有害成分的存在原因是多方面的，有些是因为在药品生产过程中无法把有害成分完全分离出去，有些是为了调整药品的物理作用而必须加入的。按照医嘱服用药物，可以避免摄入过量的有害成分。

三是指人体的耐药性。如果我们对于某种药物吃的过多、过于频繁，会使体内病原体的抗药性增加，下次生病用药时必须加大剂量。如对于感冒来说，长期服用抗生素会产生耐药性，所以除非大型的流感爆发或长时间有感冒症状时才需要服药，其他情况可以通过自身的免疫调节进行恢复。

所以我们应客观地看待"是药三分毒"，不能过于依赖药物，也不能排斥药物。

110. 为什么有人说纯氧和食盐也是有毒的？

所有的化学品都具有毒性，世界上不存在没有毒性的化学品。衡量一种化学品对人类是否具有毒害作用的重要指标之一是暴露剂量。当摄入的纯氧、水和食盐超过一定的限度，也会产生毒副作用。

例如一些在高海拔地区长期生活的人到平原地区后，会觉得特别慵懒，想睡觉，就像喝醉了酒一样，这就是常说的"醉氧"现象。这是由于人体适应高原地区的低氧环境后，进入氧气含量相对高的地区时会产生一种所谓"脱适应反应"或称"低原反应"，在医学上，也俗称"醉氧症"，这时人体会出现疲倦、无力、嗜睡、胸闷、头昏、腹泻等症状，对于这种情况无须惊慌，因为短期旅游后产生的"醉氧"一般不严重，适当休息后即可恢复。

当摄入的纯氧、水和食盐超过一定的限度，也会产生毒副作用。

另外，我们也知道过量地摄入食盐也会产生不良作用。当人体摄入过多的食盐时，由于渗透压的改变，引起细胞外液增多，使钠和水潴留，细胞间液和血容量增加，同时回心血量、心室充盈量和输出量均增加，使血压升高。因此，高血压人群要适当控制盐的摄入量。

因此，任何化学品对人体的危害，总是要结合人体暴露剂量来谈。

111. 洗衣粉、肥皂、沐浴露对环境有影响吗？

　　洗衣粉过去曾以磷酸盐作为主要助剂，磷元素本身虽无危害，但是含磷洗涤污水排放到河流湖泊中去以后，会使水体中的磷含量升高，使水质出现富营养化，导致各种藻类植物疯狂繁殖、水草狂长。这些水生生物在死亡腐败以后，会释放出甲烷、硫化氢、氨等大量有毒有味气体，并使水质混浊发臭、缺氧，进而导致水中鱼、虾、贝类等生物死亡，使河流湖泊变成死水，严重影响周围的生态环境。如果含磷洗涤污水排入近海，则会造成近海水体富营养化，同样会促进海水藻类植物的生长，继而引发赤潮。现在，随着人们对含磷洗衣粉环境危害性认识的不断加深，越来越多的洗衣粉采用无磷配方，我们平时在超市购买洗衣粉时，也应当仔细阅读包装说明，选择无磷洗衣粉。

　　肥皂和沐浴液都是常见的日化用品，北京市疾病预防控制中心曾对市面上的化妆品进行邻苯二甲酸酯成分的检查，检查结果表明，邻苯二甲酸酯在护肤类与洗涤护发类化妆品中的检出率分别为47.1%和30.0%。研究表明，邻苯二甲酸酯存在影响男性生殖器官和生殖能力的风险，含这种成分的生活污水进入环境后则会对环境产生危害。另外，为了追求各种美白润肤的功效，厂家还会向沐浴露中添加其他化学品，因此建议使用配方简单的肥皂来代替各种功能的沐浴露。

112. 化妆品中的化学物质对人体健康有影响吗？

日常化妆品中都含有化学物质，比较常见的有以丙二醇、苯甲酸酯、十二烷基硫酸钠为代表的各种乳化剂、防腐剂、发泡剂等，而为了达到美白、防皱、祛斑等功效，一些化妆品中还添加了其他一些化学物质。

正规企业生产的合格化妆品，其中所含化学物质都是按照相关标准使用的，而且这些化学物质都经过了严格的毒理学试验，因此这些化学物质对人体健康不会产生影响。但是如果化妆品企业滥用化妆品中禁用的化学物质，例如 1,2- 二溴乙烷、2- 萘酚等，或者不按照限量标准在化妆品中使用化学物质，就会造成人体健康危害。

113. 造成室内污染的常见化学品有哪些？

室内存在的一些化学品，如甲醛、氨、苯、甲苯、二甲苯以及放射性气体氡等，都会造成室内空气污染。上述污染物的主要来源有以下几个方面：建筑及室内装饰材料、室外污染物、燃料燃烧产物和人们的自身活动。人体接触过多的上述有毒化学品，会出现头痛、恶心呕吐、抽搐、呼吸困难等症状，反复接触可以引起过敏反应，如哮喘、过敏性鼻炎和皮炎等，长期接触则能引发癌症（肺癌、白血病）或导致流产、胎儿畸形和生长发育迟缓等。

室内装饰材料及家具释放出的污染物是造成室内空气污染的主要

原因。目前市面上的很多装饰材料都含有一些有毒化学品，这些装饰材料会挥发出数百种挥发性的有机化合物。例如，板材家具所使用的板材中的黏合剂多为脲醛树脂，其主要原材料为甲醛、尿素和其他辅料，在遇热、潮解时会释放出甲醛。

建筑施工中，有时会人为地在混凝土里添加高碱混凝土膨胀剂和含尿素的混凝土防冻剂等外加剂，这些含有大量氨类物质的外加剂在墙体中随着湿度、温度等环境因素的变化而被还原成氨气并从墙体中缓慢释放出来，造成室内空气中氨浓度的增加。另外，室内空气中的氨也有部分来自于室内装饰材料。

在自然通风的条件下，室内空气中的苯有约 70% 来源于室外的汽车尾气。室内来源主要是燃烧烟草的烟雾、溶剂、油漆、染色剂、图文传真机、电脑终端机和打印机、黏合剂、墙纸、地毯、合成纤维和清洁剂等。

另外，我们经常看到在厕所等处摆放的芳香剂，其主要成分包括香料和有机溶剂，主角香料的来源可分为天然萃取、半合成和化学合成三种，有机溶剂则扮演着帮助香料挥发到空气中不可或缺的配角，使用不当，会引起中毒反应，对孕妇及胎儿更加有害。

114. 汽车内有害化学品及其危害有哪些？

汽车已经走进千家万户，成为我们日常出行代步的重要工具，人们每天花在车里的时间也越来越长，车内的空气污染问题也逐渐受到人们的重视。汽车内饰使用了很多塑料件，如仪表板、车门板等，还有些车装备了皮质座椅，这些零部件都会释放出一些挥发性物质，通过嗅觉即可感知到，就是我们常说的"新车味"。这些挥发性物质包括甲醛、苯、甲苯、二甲苯等。

甲醛是一种无色、有强烈刺激性气味的气体。汽车内饰的塑料件和化纤地毯中不可避免地残留一部分游离甲醛并释放出来，甲醛超标会使我们出现头晕、乏力、喉咙不适等症状。

苯在常温下无色透明，易燃液体，通常用于制造苯乙烯、苯酚、环乙烷和其他有机物。挥发后的苯蒸气可经呼吸道吸收，液体经消化道吸收，皮肤可吸收少量。经常处于苯浓度较高的环境中，会引发白血病。汽油中含有少量的苯，挥发后也会进入车内，造成污染。

甲苯是一种无色、易挥发的液体，气味似苯，二甲苯为无色透明液体，具有芳香气味。甲苯、二甲苯超标会导致障碍性贫血、生殖功能受影响，导致胎儿先天性缺陷。两者均可用作汽油添加剂和各种用途溶剂，挥发后的甲苯和二甲苯可经呼吸道、消化道及皮肤吸收。

一氧化碳，是一种无色、无臭、无刺激性的气体，主要存在于汽车的尾气中。长期接触低浓度一氧化碳会对人体健康造成两方面的影响：一是威胁神经系统，导致头晕、头痛、耳鸣、乏力、睡眠障碍、记忆力减退等脑衰弱综合征；二是威胁心血管系统，对心肌细胞造成损害。

因此，建议经常开窗通风，不要在车内摆放各种香味剂，不使用来路不明的车内用品。

115. 儿童用品中的化学品对儿童健康有什么影响？

常见的儿童用品包括食品、童装、玩具、文具、护肤品等。儿童的天性使他们更容易受到化学品的影响：儿童一般通过啃咬和触摸来认识世界，有害化学物质更容易经口或皮肤进入体内；儿童的身体和机体系统仍处在发育阶段，代谢化学物质的能力较差；儿童的饮食通常不像成人那样多样化，如果食物中存在某种化学物质，那么这种独特的饮食结构可能会使他们有更多的接触机会；另外儿童几乎没有辨识、控制这些危害的能力。

很多常见的儿童产品中都含有有毒有害化学物质。例如一些儿童座椅中添加阻燃剂，而据报道有些阻燃剂可能具有致癌性和生殖毒性。

童装则是被曝光次数最多的产品，部分儿童上衣和下装被曝含有邻苯二甲酸盐。有科学证据表明，邻苯二甲酸丁苄酯、邻苯二甲酸二丁酯、邻苯二甲酸二辛酯、邻苯二甲酸二异癸酯和邻苯二甲酸二异壬酯是内分泌干扰素以及人体发育或生殖毒物。

一些玩具塑料部件中使用的丙二酚塑料软化剂可在孩子吮咬玩具时渗入唾液中，该成分还存在于童鞋、儿童首饰、浴室用品等产品中。

丙二酚是一种影响发育和生殖的毒素。

还应该格外引起重视的是儿童用品中的铅。铅是一种对人体危害极大的有毒重金属，会损害神经、造血、消化等多个系统。进入儿童接触的用品中即使铅含量较低，但若持续接触也会由于进入体内不易排出而逐渐累积。儿童对于铅的神经毒性影响特别敏感，若引起铅中毒则会导则儿童发育迟缓、食欲不振、智力下降等严重后果。

因此，建议家长在选购儿童用品时，首选正规厂商生产的合格产品和具有相关环保标签的产品。

书号：
978-7-5111-2067-0
定价：18 元

书号：
978-7-5111-2370-1
定价：20 元

书号：
978-7-5111-2102-8
定价：20 元

书号：
978-7-5111-2637-5
定价：18 元

书号：
978-7-5111-2369-5
定价：25 元

书号：
978-7-5111-2642-9
定价：22 元

书号：
978-7-5111-2371-8
定价：24 元

书号：
978-7-5111-2857-7
定价：22 元

书号：
978-7-5111-2871-3
定价：24 元

书号：
978-7-5111-0966-8
定价：26 元

书号：
978-7-5111-2725-9
定价：24 元

书号：
978-7-5111-0702-2
定价：15 元

书号：
978-7-5111-1624-6
定价：23 元

书号：
978-7-5111-2972-7
定价：23 元

书号：
978-7-5111-1357-3
定价：20 元

书号：
978-7-5111-2973-4
定价：26 元

书号：
978-7-5111-2971-0
定价：30 元

书号：
978-7-5111-2970-3
定价：23 元